제3판

전라도 토박이들이 담그는
전통비법 150선

바람과 햇살, 숨쉬는 땅
남도김치

김지현
임재숙
박기순
박현숙
김영숙
조은주
김세정

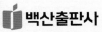
백산출판사

책을 펴내며

남도는 예로부터 풍류를 즐기는 예향으로서, 음식의 종류가 다양하며 음식에 대한 정성이 유별나고, 각 고을마다 명가와 종가에서 대대로 전수하여 내려오는 전통음식은 풍류와 맛이 일품입니다. 깊고 진한 맛을 가진 남도음식은 넓은 들, 깨끗한 바다와 깊은 산에서 나오는 곡식, 산채, 나물, 어류와 해조류 등의 다양한 식재료들이 풍성한 남도의 향토음식을 만들었습니다.

남도김치는 그 지역에서 생산되는 농산물, 해산물, 특산물 및 첨가되는 부재료에 따라 맛이 다르고 색상과 숙성도도 달라지므로, 예부터 각 지역의 독특한 김치 담그는 방법이 이어져 내려왔습니다. 남도는 비교적 기온이 높아서 마른 고추를 확독에 갈고, 짜고 맵게 김치를 담가 쉽게 변질되지 않도록 해야 하는 특성이 있으며, 각 고장의 기온과 습도에 따라 소금의 농도와 젓갈의 분량이 다릅니다. 김치에 대해 제대로 알고 맛있게 담그는 일은 어렵기도 하고 쉽기도 합니다. 채소 선별, 절임방법, 고추양념의 배합 등 재료를 잘 이해하고, 그 고유의 맛을 잘 살린 조리법을 연구해야 합니다. 특히 채소를 장기간 저장하여 두고 먹기 위해 채소를 멸치젓에 담가두었다가 꺼내어 양념해서 먹던 방식이 지금의 멸치젓갈이 많이 들어가는 김치로 변화하였으며, 전라도의 김치가 남도의 식문화에도 그대로 반영되어 각종 향토음식과 푸짐한 한정식상차림 등이 발달하였습니다.

이 책은 2009년부터 2014년까지 6년간 실물전시했던 수백 가지의 전라도김치를 150종으로 선별·정리한 것입니다. 전라도 토박이로서 제대로 된 남도김치 담그는 방법에 대해 오랫동안 고민해 왔고, 대외적으로 명품남도김치를 알리고자 광주광역시의 도움으로 수년간 '한국국제요리경연대회'에서 김치를 전시해 큰 상도 받았습니다. 그간 살아왔던 친정에서의 어릴 적 이야기도 나누었고, 결혼 후 시댁의 음식을 배우면서 겪었던 추억들을 하나하나 되새기며, 광주광역시와 전라남도 22개 시군의 대표김치에 대해 조사하고, 경험을 바탕으로 남도김치의 기초부터 고급단계까지 쉽게 이해하고 적용될 수 있도록 기록하였습니다.

주재료인 채소가 생산되는 제철을 기준으로 사계절로 구분하여 봄김치, 여름김치, 가을김치, 겨울김치로 분류하였고, 김치에 관련된 자료를 조사하며 틈틈이 참고하였던 고조리서에 기록된 채소저장방법을 새롭게 해석하여 옛 김치로, 요즘 가정에서 주부들이 다양한 채소와 조리방법으로 담그는 김치를 색다른 김치로 정리하였습니다. 최근 '조용한 살인자'라는 무서운 별명으로 불리는 고혈압은 짜게 먹는 습관이 그 원인 중 하나로 소금량을 줄여 김치를 담근다는 것이 말처럼 쉽지는 않기에 저염김치를 담그고자 채소를 말려서 담그는 말랭이김치를 개발하여 수록하였습니다. 최근 전통먹거리와 건강에 대한 사회적 관심이 높아지고 '웰빙시대'에 맞는 남도의 전통음식문화가 더욱 소중하게 보존·개발되어 명품김치로 발전하는 기틀이 되길 바랍니다.

끝으로 『바람과 햇살, 숨쉬는 땅 남도김치』가 발간되기까지 수고해 주신 분들께 깊이 감사드리며, 먹거리가 풍성한 전라도의 김치에 대한 좋은 정보가 널리 유통되고, 맛있는 김치문화가 알려지기를 기대해 봅니다. 이 책을 보시는 분들이 남도김치를 이해하고 맛있는 김치를 담그는 데 유익하게 활용할 수 있기를 바라며 건강을 기원합니다.

전라도에서
저자 일동

추천사

남도김치는 한식의 큰 자산입니다

식문화는 한 국가의 정체성과 문화를 알리는 대표적인 매개체이자 국가 브랜드 가치를 높이는 소중한 국가 자산입니다. 세계화시대에 음식문화의 발전은 한국의 아름다운 전통음식문화를 계승하여 그 원형을 보존하고 그 명맥을 이어나갈 수 있도록 개선하여 전수하는 것에 의미가 있습니다.

정부는 물론 민·관·학이 한식의 원형을 발굴하고 현대적으로 계승한 한식의 가치를 세계인에게 알리기 위해 다양한 노력을 기울이고 있습니다. 국가 브랜드이미지 제고는 물론 한식산업의 세계화를 통한 일자리 창출, 식재료 등 한식 주변산업의 수출 그리고 외식산업의 선진화, 농어촌 활력 창출 등 실용적 관점에서의 한식 진흥을 위해 정진하고 있습니다.

2013년 12월 '한국의 김치와 김장문화'가 유네스코 세계 인류 무형문화유산에 음식 관련해서 유일하게 등재되어 한국의 음식문화는 단지 한국의 자산이 아니라 인류가 보존하고 계승해야 할 인류의 문화 자산이 되었습니다. 김장문화의 유네스코 등재 이후 세계인의 김치에 대한 호기심과 관심이 더욱 높아지고 있습니다.

이번에 발간하는 『남도김치』는 (사)한국음식관광협회에서 주최한 한국음식관광박람회 '한국국제요리경연대회' 전통음식부문 김치류 전시경연에 출전하기 위해 광주를 비롯한 전남의 음식솜씨꾼들이 모여서 이루어낸 결과물입니다. 2009년부터 2014년까지 6년간에 걸친 노력 끝에 '김치' 분야에서 국무총리상, 국회의장상, 문화체육관광부장관상, 보건복지부장관상을 수상하게 되었고, 그간 전시되었던 김치류 중 150여 가지의 남도김치 레시피를 모아 책으로 발간하게 되었습니다.

예부터 우리 조상은 재료 준비에서부터 음식을 완성하여 담아내고 대접할 때까지 모든 일련의 과정에 의미를 부여하고 정성을 다했습니다. 할머니, 어머니 때부터 전통적으로 전해 내려오는 한국의 김치 중에서 남도 사람들이 즐겨 담가 왔던 김치를 전라도 토박이 아낙들의 솜씨로 담아냈습니다. 이 책에서는 필요한 식재료와 만드는 방법뿐만 아니라 남도김치의 특징과 원형을 유지하면서도 개선점을 찾아보고 향후 어떻게 해야 더욱 발전시킬 수 있을지에 대한 고민과 노력이 느껴집니다. 『남도김치』가 음식관련 업계 종사자들, 요리전문가들, 관련 학생들뿐만 아니라 관심 있는 모든 분들에게 큰 도움이 되기를 바랍니다.

이 책이 나오기까지 남도의 김치에 대한 자료를 수집하고 애써주신 집필진들의 노고에 감사합니다. 『남도김치』 책자 발간을 진심으로 축하하며, 발간작업에 수고하신 모든 분들에게 박수를 보냅니다.

(사)한국음식관광협회 회장 강 민 수

추천사

남도김치 예찬(禮讚)

왜 남도김치인가!

남도 사람들은 예부터 채소, 과일, 우유, 생선 등 신선 농수축산물류는 물론, 딱딱한 곡물, 생선머리, 생선창자, 홍어내장까지 발효시킨 '젓갈'을 밥상에 올려왔다. 모든 생물을 발효식품화하는 일에 남도사람들은 가히 놀라운 재주를 지녔다고 할 만하다. 그 비결은 서남해안 갯벌에서 햇볕으로 구워 올려 3년 이상 간수를 뺀 '천연소금(天日鹽)'이 한식 문화의 에센스로 자리하기 때문이다. 젓갈류의 맛이 더해진 김치는 한국인의 미각과 심미감을 자극한다. 남도(南道) 음식의 밑바탕이 바로 이 천일염과 젓갈이다. 거기에 남도의 황토(黃土)밭에서 자란 김장용 배추는 수분함량이 가장 알맞아 묵을수록 그 풍미가 깊고 진해진다. 햇볕과 물과 바람과 땅의 어울림, 거기에 남도사람의 지혜와 솜씨가 더해진 남도김치는 건강의 보고임에 틀림이 없다.

건강의 보고(寶庫), 김치를 드세요!

한국인이라면 누구나 어디에 살건, 태어나서 죽을 때까지 김치, 쌀밥, 된장국과는 떼려야 뗄 수 없는 관계를 맺으며 살고 있다. 쌀밥과 함께 김치는 한국인의 피요 몸이요 혼이 되어 온 것이다.

어린 시절 나는 일곱 살이 될 때까지 만주 봉천시에서 살았다. 지금의 중국 동북 3성의 한 성(省)인 요녕성의 수도 심양(沈陽)이다. 그땐 일제가 한반도와 만주를 장악하고 있을 때라 일본식 이름의 봉천(奉天)시에는 중국인, 일본인, 한국인이 섞여 살았다. 여섯 살 때쯤 괴질로 일컬어지는 이질병(痢疾病)이 마을을 휩쓸었다. 마치 최근의 신종 인플루엔자와 같이 많은 사람, 특히 어린아이들이 이 돌림병에 걸려 드러눕거나 쓰러져 갔다. 그런데 이상한 것은 죽었다 하면 일본아이들이고 드러누웠다 하면 중국아이들이었다. 우리 형제를 포함한 한국 사람들은 거의 대부분 멀쩡했다. 이 유행병이 한차례 휩쓸고 지나간 다음, 사람들은 그 원인에 대해 아주 궁금해 했으나 책임 있는 어느 누구도 속시원하게 설명해 주는 이가 없었다. 다만 주민들 사이에선 김치를 상식하는 한국 사람들만 성한 것으로 볼 때 김치에 뭔가 그 해답의 열쇠가 있지 않느냐는 의견이 널리 퍼져 나갔다. 우리들을 만날 때마다 '기무치 구사이(김치 냄새)', '닌니쿠 구사이(마늘 냄새)'가 난다고 놀려대던 일본아이들의 장난기도 어느새 자취를 감추었다.

지난 2003년 전 세계적으로 조류 인플루엔자가 유행하고 SAS(중증호흡기증후군)로 닭, 오리 등 조류들은 물론 사람들마저 죽어갔을 때에도 한국인의 감염 치사율은 현저하게 낮았다. 이를 두고 다시 김치의 효능에 대한 궁금증이 확대되었다. 이번에는 학계가 발 벗고 나서 그 효능을 검증하였다. 김치 속의 유산균과 각종 발효 요소가 특효하다는 것이 발견되었다. 한국식품연구원의 김영진 책임연구원이 그중의 한 분이다. 닭과 쥐에게 김치를 넣은 사료와 김치추출물을 섭취시킨 후 인플루엔자 바이러스 H9N2와 H1N1을 각각 접종한 결과 모두 놀라운 억제 효능을 보였다. 김 박사는 2009년 10월 23일 광주에서 세계 최초로 개최된 국제김치학술심포지엄에서 바야흐로 온 세계를 공포의 도가니로 몰아넣고 있는 신종 인플루엔자에도 김치가 억제효능을 보일 가능성이 크다고 발표했다. 조류독감과 같은 계통의 바이러스이기 때문이라고 했다.

김치는 세계인의 건강식품, 미용식품

김치는 이제 확실히 세계 식품의 하나가 되었다. 김치는 원래 백제시대 절임채소(沈菜)로부터 시작하여 침채가 짐치가 되고 다시 오늘날 세계인의 김치로 정착하게 된 것이다.

1998년부터 2000년까지 농림부와 식품의학 관련 학계가 혼연일체로 노력한 결과, 마침내 국제식품규격위원회(CODEX)는 김치를 세계 표준 발효식품으로 공인하였다. 올해(2014년)는 한국고추장을 추가하여 국제표준으로 인정하였다. 이로써 김치(KIMCHI)와 고추장(GOCHUJANG)이 우리말, 우리 발음 그대로 국제표준으로서 세계 식품의 반열에 들어섰다. 겉절이에 불과한 일본의 기무치(GIMUCHI)한테 하마터면 그 자리를 내줄 뻔했던 해프닝은 지금 생각해도 식은땀이 날 정도이다. 그리고 2006년 세계적인 권위지 〈Health〉지는 한국의 김치를 '세계 5대 건강식품'의 맨 윗자리에 올려놓았다. 나머지 4개의 건강식품은 일본의 낫또(우리의 청국장이 일본에 건너간 것), 그리스의 요구르트, 스페인의 올리브유, 그리고 인도의 렌틸콩이다.

미국의 유명 TV방송인 NBC는 2009년 3월 31일 '우아하게 나이 들고 싶으면(To Age Gracefully)'이라는 〈투데이 쇼〉에서 서슴없이 한국 김치를 먹으라고 소개하였다. '육체와 영혼(Body+Soul)'이란 잡지의 선임 편집장인 테리 트레스피쵸는 건강하게 나이 드는 7가지 비밀의 하나로 김치를 권했다. 발효식품인 김치를 매일 먹고, 과일과 채소를 매일 5~9번 먹으며, 매주 기름기 적은 생선을 2번 이상 먹고, 매일 비타민 D와 B_{12}를 섭취하며, 매일 30분 정도 운동하고, 긍정적인 사고를 하며, 건전한 사회 활동을 계속할 것을 권고한다. 그리고 동양 3국 한, 중, 일의 여성 중 한국여성의 피부가 유난히 맑고 예쁜 이유를 어렸을 적부터 김치를 상식해온 데서 찾고 있다. 유산균의 상식화(常食化)가 그 과학적인 원인으로 밝혀졌다.

음식(food)의 섭취는 입과 위가 먹고 마시기 전에 뇌(brain)가 먼저 판단하고 명령해야 이루어진다는 사실에 유념하기 바란다. 즉, 문화와 예술 등 정서적 감흥이 먼저 일어나야 왕성한 구매와 소비 행위가 뒤따른다. 드라마 대장금이 50여 개국에 방영된 뒤 한국음식에 대한 수요가 크게 일어나고 있는 작금의 사례가 바로 그러하다. 식문화와 연결시켜 먼저 자라나는 우리 2세들에게 올바른 식생활을 교육해야 하며 그런 바탕 위에서 외국인들을 감동시켜야 한식의 세계화가 탄탄대로에 올라설 수 있다. 서편제, 도자기 생산, 서화, 가무 등 남도예술의 본거지인 광주와 전남은 이러한 문화적 토대를 바탕으로 남도음식과 김치의 대명사가 되기에 충분하다.

저자인 김지현 교수가 서울에 찾아와 '남도김치'라는 책을 낸다는 기쁜 소식을 전하면서 글을 부탁했을 때, 흔쾌하게 수락한 이유는 그가 광주세계김치문화축제를 위해 헌신해 온 지난 6년간의 아름다운 모습이 깊고 감칠맛 나는 남도의 김치와 닮았기 때문이다. 『남도김치』(바람과 햇살, 숨쉬는 땅! 전라도 토박이들이 담그는 전통비법 150선), 출간으로 남도김치의 가치와 효능이 널리 알려지고 세상 사람들이 더 건강해졌으면 좋겠다는 작은 소망을 품어본다.

김 성 훈(전 농림부장관, 광주세계김치문화축제 공동대회장)

차례

＊김치는 배추김치, 무김치, 기타 김치(가나다순) 순서로 실었음

남도봄김치

고조리서를 재현한 옛 김치

남도겨울김치

색다른 김치

말랭이김치

광주여자대학교 식품영양학과 교수 **김 지 현**

김치는 채소를 소금에 절여 양념을 넣고 발효시킨 것

1. 김치의 역사

우리나라 음식은 주식으로 쌀을 사용하여 밥과 국, 발효음식인 김치와 젓갈, 장류를 반찬으로 한 반상차림이며, 음식문화는 식의동원(食醫同源), 약식동원(藥食同源)에 뿌리를 두고 5천년 동안 발전해 왔다. 김치는 각종 채소를 소금으로 절이고, 고춧가루, 파, 마늘, 생강, 젓갈 등의 양념을 혼합하고 발효(fermentation)시켜 한 차원 더 높아진 감칠맛을 내는데, 여러 가지 재료들의 상승·보완 작용에 의해 보약(補藥)의 기능을 하는 천연조미료를 양념(藥念)이라 한다.

'김치'라는 명칭은 우리 역사에서 채소를 소금에 절여 담근다는 '침채(沈菜)'에서 비롯되었다. 삼국시대에 이미 지금과 같은 '각종 채소류가 이용되었다.'는 기록을 볼 수 있어, 제철채소를 장기간 보관하기 위한 수단으로 소금을 이용하였지만, 바닷가에서는 그 이전부터 바닷물의 소금기를 이용하였으므로 이미 그 이전부터 김치류가 있었을 것으로 추정된다. 백제시대 절임채소(침채)로부터 시작하여 짐채, 짐치가 되고 다시 오늘날 김치로 정착하게 되었다. 묵은지, 싱건지, 채지, 오이지, 젓국지, 파지, 짠지 등 '지'라는 끝말이 남아 있는데 이것은 '디히'라는 말에서 비롯되었다고 하나, 그 어원은 아직 밝혀지지 않고 있다. '침채'나 '디히'는 다 같이 겨울살이용 채소저장가공식품을 말한다.

오래전부터 채소를 소금, 젓국, 식초 등에 절여 저장하면서 먹었는데 이를 통틀어 김치라고 하며, 현재는 소금에 절인 채소에 고춧가루를 넣어 버무린 김치가 대부분을 차지한다. 김치는 배추나 무 등의 주재료에 사용되는 소금, 첨가되는 부재료, 담는 과정, 담는 용기, 발효조건 등에 따라 달라지는 발효식품이며 다양한 재료가 서로 혼합되면서 새로운 맛을 만들어낸다. 이런 김치는 우리나라의 전통 채소 발효식품이지만 지역에 따라 생산되고 첨가하는 재료와 만드는 방법이 다르며, 기후가 다르기 때문에 김치의 종류와 맛이 다르게 발달되었다.

2. 김치의 세계화

김치는 이제 명백히 세계적인 식품의 하나가 되었다. 농림부와 식품의학관련 학계가 혼연 일체로 노력한 결과, 마침내 2001년 7월 국제식품규격위원회(Codex Alimentarius Commission) 총회에서 김치 Codex 규격으로 채택되었다. 김치 Codex 규격에는 배추김치에 대한 국제통용명을 'Kimchi'로 규정하고, 김치는 주원료인 절인 배추에 여러 가지 양념류(고춧가루, 마늘, 생강, 파 및 무 등)를 혼합하며, 제품의 보존성과 숙성도를 확보하기 위하여 저온에서 젖산생성을 통해 발효된 제품으로 김치제품을 정의하고 있다. 김치의 총산도는 주발효가 젖산이므로 젖산으로 표시하도록 하였고, 김치는 담근 직후부터 소비가 가능하므로 가장 맛

좋은 상태인 산도 0.6~0.8%를 유지하면서, 과숙김치도 다양한 제품으로 응용될 수 있도록 산도 1.0% 이하로 설정하고 있으며, 김치의 염도는 혐기적 호염성 세균인 젖산균의 적정발효농도인 염도 1~4%이다.

2013년 12월에는 문화재청이 신청한 '한국의 김치와 김장문화'가 유네스코 세계 인류 무형문화유산에 등재되어 한국의 음식문화는 단지 한국의 자산뿐만 아니라 인류가 보존하고 계승해야 할 인류의 문화 자산이 되었다. 한국 김장문화의 유네스코 등재 이후 세계인의 김치에 대한 호기심과 관심은 더욱 높아지고 있다.

3. 김치에서 느끼는 오미(五味)

김치는 배추나 무 같은 주재료를 소금에 절이고 어패류로 담근 젓갈, 해산물 등을 첨가재료로 사용하므로 단백질이 분해되어 생성되는 '숙성(熟成)' 즉 발효과정에 의해 감칠맛이 난다. 김치는 유산균 발효식품으로 익어갈수록 독특한 신맛, 즉 산미(酸味)가 있다. 김치에는 고춧가루와 소금, 젓갈 이외에 배추와 무의 단맛에 배나 사과 같은 과일을 넣어 단맛을 낸다. 이처럼 김치는 신맛 외에도 시원한 김치 맛 뒤에 남는 달콤한 맛을 함유하고 있다. 또 쓴맛이 섞여야 진짜 김치맛이 난다고도 한다. 채소를 천일염으로 절여 청각, 마늘, 생강 등의 양념을 넣어 막 담근 김치에는 쓴맛이 맴돈다. 그 쓴맛을 즐기는 김치가 바로 고들빼기와 갓김치이다. 맵고, 짜고, 시고, 달고, 쓴맛의 오미(五味)가 조화를 이루는 김치는 감칠맛, 시원한 맛, 얼큰한 맛, 깊은 맛이 더해진 최고의 맛이다.

4. 김치의 효능

김치는 주재료인 배추와 무 등의 식물성 식품과 동물성 식품인 젓갈을 사용하며, 양념으로 마른 고추, 홍고추, 고춧가루, 찹쌀풀(죽), 마늘, 생강 및 기타 해산물 등의 부재료를 섞는다. 채소는 비타민, 무기질의 공급원이며, 식이섬유를 함유하고 있어 생리적 활성을 띠는 기능성 성분인 파이토케미칼을 갖고 있다. 젓갈에는 불포화지방산인 DHA가 들어 있어 두뇌발달에도 도움을 준다. 고추와 마늘은 김치를 발효시키는 유산균의 번식을 돕고, 식이섬유가 많은 김치는 발효를 통해 맛과 향미, 조직감이 증진된다.

고추에는 비타민 C가 매우 많고, 매운맛 성분인 캡사이신과 비타민 E는 비타민 C의 산화를 막는 작용을 한다. 긴 겨울 동안 부족하기 쉬운 비타민 C는 김치를 통하여 섭취할 수 있으며, 캡사이신은 젓갈의 지방이 산패하여 비린내가 나는 것을 막아준다.

재료 자체의 영양적 우수성 외에도 발효과정 중에 생산되는 유산균은 대장의 정장작용을 하는 유익한 미생물로 프로바이오틱스라고도 하는데, 부패성 세균이나 식중독균 등의 병원균이 잘 자라지 못하게 하므로 식품의 저장성을 증진시키며 안정성을 확보하는 역할을 한다. 김치는 발효과정을 통해 독성물질 파괴, 소화성 증진효과, 필수비타민이 생성되어 영양학적으로 가치가 높아진다.

- **종합영양식품**

  식이섬유가 풍부한 채소는 베타카로틴, 비타민 B군, 비타민 C 등을 공급하며, 발효과정에서 인체의 생리기능 활성화에 도움을 주는 유용한 미생물, 단백질 및 무기질 등의 영양성분이 있어 종합영양식품이다.

- **면역력 증강의 건강기능성**

  김치는 채소가 주재료로 사용된 저칼로리 식품으로 식이섬유를 많이 함유하고 있어 장의 활동을 활성화하면서, 체내의 당류나 콜레스테롤 수치를 낮춰주므로 당뇨병, 심장질환, 비만 등 성인병 예방 및 치료에도 도움을 준다.

- **항산화, 항암효과**

  김치의 주재료로 이용되는 배추나 무 등의 채소는 대장암 예방효과가 있고, 마늘은 위암을 예방하는 효과가 있으며 특히 김치에서는 빼놓을 수 없는 중요한 재료이다.

- **유산균의 정장작용**

  김치를 제조하여 공기를 빼서 용기에 담으면 Leuconostoc mesenteroides가 자라면서 이산화탄소를 발생하여 혐기적인 조건으로 만든다. 이후에는 바실러스에 속하는 유산균들이 생장하며 당을 이용하여 유기산을 만들어가면서 산도를 증가시키고 유산균의 증식을 도와준다.

5. 게미 있는 남도김치

젓갈의 깊고 진한 맛으로 소문난 남도김치. 남도는 넓은 들과 깨끗한 바다가 인접한 지리적 특징으로 인하여 식재료가 풍부하다. 기름진 나주평야를 중심으로 생산되는 다양한 곡물, 청정해역과 갯벌에서 길어 올린 싱싱한 해산물, 산악지대에서 걷어들이는 나물들, 이러한 천혜의 자연환경이 남도 사람들에게 좋은 식자재를 공급해 왔고 이로 인해 다양하면서도 맛깔난 음식을 만들 수 있었다.

남도의 따뜻한 기후로 인해 김치가 변질되는 것을 막기 위해 간을 짜게 하였다. 고춧가루와 찹쌀풀에 멸치젓, 황석어젓, 새우젓 등의 젓갈과 생새우, 굴, 꽃게, 조기, 돼지고기, 청각, 홍갓 등 갖가지 해물과 채소를 넣으며 무채를 적게 넣는다. 막 담근 생김치도 맛이 있고, 오래 두고 먹는 묵은지는 발효와 숙성 후 감칠맛을 준다.

김치를 정의하는 3가지 요건은 채소, 소금, 발효라고 할 수 있다. 우리나라 토양에서 생산되는 갖가지 채소를 1~3년간 간수를 뺀 천일염으로 절이는데, 소금은 삼투압작용으로 수분을 빼내어 저장을 용이하게 하며 호염성 세균인 젖산균이 잘 자랄 수 있는 환경을 만든다. 거기에 고추, 마늘, 생강, 파, 젓갈, 찹쌀풀 등 각종 양념을 넣어 발효시킨다. 가장 알맞은 숙성온도는 5~10℃, 숙성기간은 15~20일이 경과된 것이며 pH 4.3 정도이다. 김치의 숙성은 온도가 높을수록, 식염농도가 낮을수록 빨리 일어난다.

- **풍부한 재료**

  남도김치는 기름진 호남평야의 풍부한 채소와 각종 해산물, 간수를 뺀 천일염, 멸치, 갈치, 토하, 새우 등으로 만든 다양한 젓갈을 비롯해 김치양념을 넉넉하게 넣는 것이 특징이다.

- **다양한 젓갈**

  남도김치는 멸치젓을 많이 넣는데, 전라도 해안지방에서 오래전부터 내려온 것으로 멸치(액)젓, 황석어젓, 새우젓, 갈치(속)젓 등 다양한 젓갈을 많이 사용하여 감칠맛이 난다.

- **태양초 고추**

  남도김치에는 햇볕에 말린 고추를 빻아 만든 태양초 고춧가루나 마른 고추를 물에 불려 갈아서 사용하고, 찹쌀풀을 넣는다.

- **천일염**

  남도김치는 일조량이 많은 염전에서 생산되는 천일염으로 재료를 절이고 양념을 만들어 김치를 담그므로 발효 숙성기간이 길고 저장성도 높다.

6. 남도김치의 종류

남도의 풍부한 식재료로 인심 좋고 솜씨가 뛰어난 전라도 아낙네들은 사계절 내내 다양한 종류의 김치를 담갔다.

주재료로는 배추, 무, 갓, 오이, 파, 깻잎, 열무, 고추, 부추, 양파 등을 사용하며, 따뜻한 기후로 인해 김치가 변질되는 것을 막기 위하여 소금으로 간을 하거나 멸치젓에 묻어두기도 하였다.

김치양념은 고춧가루, 찹쌀풀, 조기젓, 멸치젓, 황석어젓, 새우젓 등의 젓갈, 양념소로 생새우, 굴, 낙지, 전복, 돼지고기, 무, 쪽파, 대파, 청각, 홍갓, 미나리 등 갖가지 해물과 채소를 넣어 만들며, 양념이 맛있어서 막 담근 생김치도 즐겨 먹는다. 특히 멸치젓과 갈치젓을 많이 넣고, 여름철에는 김치가 빨리 시어지므로 마른 고추나 홍고추를 갈아 멥쌀풀, 보리밥, 밀가루풀, 감자풀 등을 넣기도 한다.

봄, 여름, 가을, 겨울 등 계절에 따라 제철에 생산되는 채소로 다양한 김치를 담글 수 있는데, 봄에는 봄동김치, 얼갈이배추김치, 파김치, 돌산갓김치, 곰보배추김치, 냉이김치, 달래김치, 두릅김치, 돌나물김치, 미나리콩나물김치 등, 여름에는 열무김치, 오이소박이, 알타리무김치, 파김치, 깻잎김치, 부추김치, 나박김치, 고구마줄기김치, 고추김치, 상추김치, 가지김치 등, 가을에는 경종배추김치, 백김치, 반지, 깍두기, 해물보쌈김치, 비늘김치, 홍갓김치, 고들빼기김치 등이 있으며, 겨울에는 김장김치, 무동치미, 굴깍두기, 파래김치, 해초김치 등이 있다.

7. 남도김치 재료와 저장

배추는 계절과 수확하는 시기에 따라 담는 시기가 다르다. 새 배추(햇배추)는 보통 강원도에서 출하되는 고랭지배추를 말하며 초봄인 2월 말부터 파종하고 4월 말부터 출하한다. 고랭지배추로는 늦은 봄 4월 중순 이후에 김치를 담그며 이외에도 얼갈이배추를 사용한다. 3월부터 9월 초까지 김치를 담그는 경우 배추는 가을에 수확한 후 저온저장한 것을 사용한다. 김장용 배추는 늦여름에 파종하여 늦가을에 수확하므로 11월 말에서 1월 초에 김치를 담근다. 월동배추는 10월 가을에 파종해서 12~1월 사이 겨울에 수확하여 저온저장하고 대략 2월 이후부터 4월 초까지 출하한다. 9월 이후에는 김장용 배추를 솎아낸 배추인 중갈이배추로 김치

를 담근다. 겉절이는 잎이 얇기 때문에 씻어서 소금을 뺀 후 길게 절여서 썰어야 한다.

배추는 소금물을 만들어 칼집을 넣고 반으로 쪼갠 배추를 담가 적셨다가 줄기에 소금을 뿌리고 남은 소금은 잎 사이사이에 켜켜로 속소금을 넣고 누름판으로 눌러 침수되도록 하여 절인다. 무는 잘게 썬 깍두기용 무나 4월 이후에 출하되는 새 무의 경우 천일염을 사용하지 않고 구운 소금이나 액젓을 뿌려두었다가 씻지 않고 바로 양념한다. 가을과 겨울에 생산되는 무는 수분과 단맛이 많기에 소금을 사용하는 것이 좋다. 천일염을 사용한 경우는 절여진 다음 반드시 씻어야 이물질을 제거할 수 있고 구운 소금을 사용한 경우는 헹구지 않고 바로 양념하도록 한다. 열무는 잘 절여지면 시간이 지나도 색이 변하지 않는다. 오이, 고추, 양파, 뿌리채소 등은 김장용 비닐봉투에 넣어야 고르게 빨리 절여진다.

김치의 저장은 온도가 중요하다. 대량유통을 위한 김치 저온저장고, 가정에서 흔히 쓰는 김치냉장고, 땅속에 묻은 항아리 등에 따라 숙성되었을 때 느껴지는 김치의 톡 쏘는 맛이 다르다. 김치냉장고에 보관할 때는 15℃ 정도의 서늘한 곳에서 3~4일 숙성시킨 후 김치냉장고에 '보관'모드로 전환하여 보관하면 숙성된 묵은지의 맛을 좋게 한다. 3월 이후 장기간 저장용이 아닌 보통의 김치를 담글 때는 실온이 25℃ 이상이므로 김치를 담근 후 4~5시간 실온에서 숙성시킨 후 냉장고에 보관해야 생김치의 맛을 유지하여 쓴맛이 나지 않는다.

8. 남도김치 소금과 젓갈

소금은 음식의 맛을 내는 결정적인 역할을 하며 조미와 방부역할을 한다. 재료를 절이는 과정에서 소금의 삼투압작용으로 부패균의 생장을 억제하여 보존성을 높인다. 김치제조에서 소금의 양은 발효를 조절하는 매우 중요한 요소이

다. 소금은 원료의 출처에 따라 천일염, 정제염, 암염 등으로 구분할 수 있고 가공방법에 따라 재제염, 가공소금 등으로 분류한다. 천일염은 바닷물을 자연적으로 증발시켜 얻은 소금이고, 정제염은 바닷물을 인공적으로 정제하여 제조하고, 암염은 해수나 염분을 포함한 호수가 퇴적·증발하여 생성된 소금으로 전 세계에 고루 분포하고 있다.

천일염은 배추, 무를 절일 때 사용하며 간수를 빼지 않으면 쌉쌀한 맛이 나기 때문에 반드시 1~3년간 간수를 뺀 것으로 김치를 담가야 한다. 천일염은 알이 굵고 반투명하며 첫 맛은 짭짤하지만 뒷맛은 달아야 좋은 소금이다. 소금을 손으로 비볐을 때 촉촉하지만 눅눅하지 않고 입자의 각이 고르게 살아 있으며 손바닥에 달라붙지 않고 잘 으깨지지 않아야 한다.

구운 소금은 천일염의 불순물을 제거한 뒤 200~500℃에서 1시간 정도 볶은 것이다. 구운 소금은 김치양념의 간을 맞추거나 양념을 헹궈내는 소금물을 만들 때 사용하며 특히 물김치 국물의 간을 맞추는 데 많이 사용된다.

젓갈은 남도김치의 깊은 맛과 감칠맛을 주는 중요한 재료로서, 그 사용량은 지역마다 다소 차이가 있다. 김치를 담그는 데 사용하는 젓갈로는 멸치젓, 새우젓, 조기젓, 황석어젓, 갈치젓 등이 있으며, 지역에 따라 전라도와 경상도 일대에서는 멸치젓을 많이 이용하고 서울, 경기지방에서는 새우젓을 주로 쓴다.

새우젓은 중하, 잔새우나 곤쟁이로 담그는데 지역에 따라 민물새우로 담그기도 한다. 시기에 따라 오월에 담그면 오젓으로 붉은빛이 돌고, 유월에 담그면 육젓으로 껍질이 얇고 살이 많아 제일로 치며, 가을 중 7월에 담그면 차젓, 8월에 추젓으로 담그면 당장 먹는 것보다 삭혀 일 년 내내 두고 젓국으로 쓰기 알맞으며, 2월에 담근 것은 동백하젓이라 부른다.

멸치젓은 봄에 담근 것을 춘젓, 가을에 담근 것을 추젓이라 하며, 춘젓이 추젓보다 질과 맛이 좋다. 또한 선도가 좋은 것을 선택하고 숙성기간은 소금량이나 온도에 따라 다르지만 여섯 달 정도 두면 적당하다. 완전히 곰삭으면 비린내도 없고 감칠맛이 난다. 멸치젓은 상층부 액체만을 따라내어 김치양념에 넣고, 남은 건더기에 물을 부어 끓인 다음 체에 밭친 젓국을 사용하기도 하며, 육젓의 건더기와 국물을 끓여서 걸러 만든 액체조미료인 멸치액젓을 김치에 사용한다.

9. 남도김치 재료의 분량 표기방법

김치를 담글 때 동일한 김치맛을 내기 위해서는 재료의 양이 정확해야 한다. 남도김치를 담글 때 사용되는 재료의 분량 표기방법은 고체로 된 것은 저울을 사용하여 측정한 무게(g)로, 액체로 된 것은 실린더나 비커를 사용하여 부피(mL)로 표기하였고, 요리를 할 때 편리하도록 계량컵과 계량스푼을 이용하여 컵, 큰술, 작은술을 부가적으로 표기하였다.

■ 재료별 표준중량

식품명	계량단위	중량
배추	1포기	2.5 kg
무	1개	850 g
양파	1개	150 g
대파	중 1대	80 g
마늘	1개	5 g
청고추	1개	10 g
홍고추	1개	15 g
건고추	1개	2 g
오이	1개	150 g
사과	1개	250 g
배	1개	300 g

■ 양념별 표준계량

품명	계량단위별 표준중량(g, mL)		
	1컵	1큰술	1작은술
고춧가루	100	6	2
찹쌀가루	100	13	4
들깻가루	90	10	3
구운 소금	180	10	3
꿀	300	20	7
매실청	240	20	7
물	200	15	5
설탕	150	12	4
식초	200	15	5
액젓	200	15	5
젓갈 (건더기 포함)	240	20	7
찹쌀풀(찹쌀죽)	200	15	5
천일염	180	10	3
청장(국간장)	200	15	5
건고추 간 것 (다대기)	240	20	7

10. 남도김치 기본조리법

■ 황태육수

– 육수 재료 : 물 2 L, 황태머리 2개, 디포리 5마리, 무 200 g, 양파 1개, 다시마 10×10 ㎝ 1장, 대파(뿌리 포함) 1개

– 만드는 법 : 다시마를 뺀 육수재료에 물 2 L를 붓고 10분 동안 센 불로 끓인 다음 다시마를 넣고 중불로 10분을 더 끓인다.

– 육수는 김치양념과 풀을 쑬 때 사용한다.

■ 건고추양념(다대기 만드는 법, 건고추 간 것)

– 만드는 법 : 마른 고추를 5㎝ 길이로 잘라 물에 한번 씻고, 10분 동안 물에 담가 불린 다음 마늘, 생강 등 재료를 넣어 곱게 간 양념에 고춧가루, 찹쌀죽 등 기타 양념을 섞어 실온에서 2시간 동안 숙성시킨다.

– 겨울철에는 1 : 5 = 다대기 : 고춧가루를 사용한다. 홍고추는 생것을 사용해도 된다.

– 여름철에는 5 : 1 = 다대기 : 고춧가루의 비율로 사용한다. 다대기로만 김치를 담그면 김치가 미끄럽다.

■ 찹쌀죽, 찹쌀풀

– 찹쌀죽 : 불린 찹쌀(싸라기도 좋음) 1컵에 육수 5컵을 넣고 뭉근히 끓인다.

– 찹쌀풀 : 불려서 빻은 찹쌀가루 1컵에 육수 4컵을 넣고 끓인다. 생찹쌀가루인 경우는 생찹쌀가루 1컵에 육수 6컵을 넣고 끓인다.

술지게미김치

무동치미

광주 배추김치, 열무김치, 무등산보리밥

광주광역시는 김치종주도시로서, 21회째 광주김치축제를 개최하여 한국 전통음식인 김치의 우수성을 널리 알리고, 김치의 계승과 발전을 위해 매년 참신하고 다채로운 콘텐츠를 개발하였으며, 전국을 넘어 국제규모의 김치명인선발 경연대회를 개최하고 있다. 광주김치축제 기간 중 개최되는 '김치명인콘테스트'는 한국음식문화의 상징인 김치를 보존·계승하기 위한 국내 최고권위의 경연대회로서 대통령상이 주어진다. 국제식품규격위원회(Codex, 코덱스)에 등록된 김치(Kimchi, 배추김치)를 지정종목으로 하고 본인의 김치 제조비법으로 담근 다양한 김치를 자유종목으로 한다. 대통령상을 수상한 맨드라미백김치, 보김치, 묵은지, 배추김치(반건조고추), 비늘김치, 고들빼기김치, 청국장배추김치, 영양배추김치, 반지, 꽃게보쌈김치, 해물영양보쌈김치, 민어섞박지, 메주(발효콩)백김치 등에는 김치의 전통과 역사, 지역의 특산물과 집안의 비법, 재료의 영양과 발효과학이 모두 반영되어 있다.

광주광역시를 중심으로 한 남도의 배추김치는 간수를 뺀 천일염으로 절인 노랑배추에 굴, 청각, 생새우, 돼지고기, 홍어, 조기, 낙지, 무, 쪽파, 홍갓, 찹쌀풀, 젓갈, 매실청 등 다양한 부재료를 넣은 고추양념으로 담그며, 서울·경기지역의 배추김치에 비해 무채를 적게 넣는 것이 특징이다. 김치를 발효시켜 묵은지로도 먹지만, 김장하는 날 흰쌀밥을 지어 수육과 함께 막 담근 생김치를 즐겨 먹는 남도의 김치문화는 발효된 젓갈과 찹쌀풀, 싱싱한 해산물로 만든 고추양념의 맛이 좋기 때문이기도 하다. 광주를 품에 안고 있는 무등산은 보리밥으로 유명한데, 자생적으로 발전된 토속음식으로서 광주 5미(김치, 한정식, 떡갈비, 오리탕, 무등산보리밥) 중 하나이다. 무등산 중턱의 산인들이 오래전부터 보리농사를 지어 꽁보리밥을 짓고 밭에서 나는 열무로 담근 열무김치, 고추장, 참기름을 넣어 비벼 먹었던 무등산 일대 대표음식으로 열무 잎에 쌈을 싸서 먹는다.

광주 굴, 돼지고기, 낙지, 홍어 양념 등을 넣은 다양한 배추김치

광주 무등산보리밥

광주광역시, 나주시, 보성군, 고흥군, 장흥군의 김치이야기

광주여자대학교 식품영양학과 교수 김 지 현

나주 반지(전라 반지), 생강촉(뿌리)김치, 홍갓김치

나주시는 선사시대부터 구한말에 이르기까지 영산강 포구를 중심으로 교통과 교역의 중심지로 활약했었다. 나주평야의 풍요로움으로 인해 예로부터 호남지역의 곡창지대로 불려온 곳이다. 반지(나주 반지, 전라 반지)는 김장김치와 동치미의 중간 형태의 김치를 말한다. 반지는 고춧가루와 멸치젓, 잡젓을 적게 넣은 김치양념에 동치미처럼 새우젓을 넣고 자박하게 물을 붓는다. 나주의 생강촉김치는 예부터 전래된 팔진미 중의 하나이며, 생강의 어린 뿌리가 주원료이기 때문에 맛이 얼큰하여 식욕을 돋운다. 소화를 도우며 감기에도 좋고, 토하젓에 버무려 먹어도 맛있다.

나주 생강촉(뿌리)김치
(@나주시 농업기술센터)

논두렁과 밭이랑 사이에서 자생적으로 자라는 홍갓(붉은갓)으로 담근 김치는 안토시아닌색소에 의한 붉은색 김칫국이 일품이다.

보성 풋고추열무김치, 보성녹차

보성군은 다향(茶香)의 고장으로 이름난 국내 최대의 차 생산지로, 푸르른 산세 사이로 끝없이 펼쳐진 차나무의 그윽한 향기 속에서 마시는 보성녹차의 맛이 훌륭하다. 2008년 한국 최초의 우주인 이소연씨가 우주에서 마실 수 있는 음료로 보성녹차가 선정되기도 하였다. 바닷가를 끼고 있는 벌교, 회천지역에서 담그는 김치에는 생해산물을 많이 넣어 익혔을 때 시원한 맛이 나고, 산간지역의 미력, 율어 등에서는 멸치젓갈을 많이 넣어 김치를 담근다. 풋고추열무김치는 끝부분이 주황색으로 살짝 약이 오른 청고추로 김치양념을 만들어 열무김치를 담근다. 주황빛이 도는 푸른색 국물의 보드란 풋고추열무김치는 젓국을 넣지 않으며, 매콤하고 개

나주 반지

보성 풋고추열무김치

운한 국물맛이 좋다.

고흥 굴배추김치, 파래지(파래김치)

고흥군은 굴의 주 생산지로 청정바다에서 자란 굴로 봄철에 담그는 어리굴젓을 이곳에서는 진석화젓이라고 부르는데, 맛 또한 좋다. 고흥에서는 겨울철에 굴이 많이 생산되며 값싸게 판매되므로 김치양념에 특히 많은 양을 넣는 것이 특징인데, 굴을 통째로 넣어 담근 굴배추김치는 담근 지 1~2주 사이에 생김치로 먹는다. 고 김일 선수의 고향인 고흥 거금도에서는 물파래로 김치를 담그는데 갯벌에서 바로 채취한 향이 있는 물파래를 바닷물로 씻어 너무 꼭 짜면 김치가 거칠어지므로 물기 있게 짠 다음 미지근한 온도에서 하룻밤 삭혀 김치를 담근다. 파래김치는 따로 간을 하지 않아도 바닷물에 절여진 자체가 이미 간이 배어 그대로 양념만 하면 된다.

고흥 파래지

장흥 감태지(감태김치), 문저리된장물회

장흥군은 한우고기, 키조개, 감태, 표고버섯 등의 주산지로서, 감태는 바닷물이 깨끗하고 바람과 물살이 세지 않고 따스한 갯벌에서 채취하는데, 다른 해조류(김, 미역, 매생이, 파래)에 비해 한겨울 해안 뻘 바닥에서 자라고 오염되지 않은 바다에서 만조 때 수중에 잠기는 부분으로서, 봄철까지 생산된다. 감태지(감태김치)는 반찬이 귀할 때 빼놓을 수 없는 감칠맛 나는 소박한 향토음식이다. 바로 담가 먹으면 씁쓸한 맛이 있지만, 숙성시켜서 먹으면 상큼하고 개운한 감태지 특유의 맛이 일품이다. 장흥군 유치면에 위치한 수인산에서는 맛있는 약수를 곳곳에서 얻을 수 있다. 산행 하산길에 담아온 약수로 물김치를 담고, 청정해변에서 바로 잡아 올린 문저리에 물김치와 된장을 넣고 만든 문저리된장물회는 특유의 별미로 식욕이 떨어질 때 애주가들의 속을 풀어주는 해장요리이다.

장흥 감태지(@ 장흥군청)

장흥 물회(@ 장흥군청)

김 지 현 광주여자대학교 식품영양학과 교수

_논문 : 스토리텔링을 이용한 향토음식 발굴과 관광상품화, 음식디미방의 상품화
　　방안, 꽃게를 첨가한 김치의 품질특성, 모싯잎가루를 첨가한 찰보리찐빵의 항
　　산화활성 및 품질특성, 보리당화액 제조 최적조건 및 보리시럽의 품질특성 연
　　구 외
_저서 : 광주김치문화천년, 김치·음식에서 문화로·한국에서 세계로, 한국의 맛
　　광주김치 감칠배기, 김치가 쏙쏙쏙(동화책) 외
_연구 : 광주무등산보리밥, 영광굴비, 영광찰보리찐빵, 영광보리시럽, 무안백련음
　　식, 영암대봉감, 진도꽃게, 진도아열대채소, 장성돼지감자잎, 곡성기차마을 향
　　토음식, 여수돌산갓김치, 순천고들빼기김치, 여수안포피조개 연구 외
_특허출원 : 강진회춘탕, 보리시럽, 피조개천연조미료
_수상
　• 러시아컬리너리컵 금상
　• 한국국제요리경연대회 한식부문 전통요리 금상, 통과의례 농림부장관상
　• 한국국제요리경연대회 김치류 국회의장상, 국무총리상(2회), 문화체육관광부
　　장관상(4회), 보건복지부장관상, 농림축산식품부장관상(2회), 대통령상(2회)
　• 교육인적자원부장관, 보건복지부장관, 광주광역시장, 농촌진흥청장 표창

높은데미 구례아짐의 열무지(열무김치)

　어릴 적에 구례아짐(구례댁)으로 불리던 할머니가 홍고
추, 마늘, 생강, 식은밥을 장끄방(장광, 장독대) 옆에 있는 도
구통(돌절구통)에 넣고, 도구대로 들들 갈아 양념을 만들고
는 작은 박으로 만든 바가지로 퍼서 절인 열무에 넣고 비벼
항아리에 담고, 찬물을 한 바가지 퍼서 도구통에 돌려 쏟아
부은 다음, 박박 소리가 나도록 바닥국물을 긁어 담아 열무
오가리(항아리)에 붓고는 자박자박하게 다독거려 짐치(김치)
를 담그셨다. 옆에 서서 구경하던 어린 손녀에게 손가락으로
짐치(김치)를 집어 입에 넣어주시고는 "열무지가 게미가 있지
야?" 하고 웃으셨다. 그때 느꼈던 열무지(열무김치)의 맛은
풋내 나는 열무가 씹히는 것이었지 화려한 고추양념 맛으로
먹지는 않았던 것 같다.

　무명베로 만든 낡은 한복과 쪽찐 머리, 검게 그을린 주
름진 피부와 농사에 거칠어진 투박한 손. 지금은 중년이 되
어버린 손녀가 기억하는 우리 할머니! 돌로 만든 담장이 많
다고 하여 높은데미(고장, 高牆, 보성군 조성면)라고 불리던
마을에 사시던 구례아짐은 밥상 밑에 놓고 드시던 밥그릇에
서 밥을 한 숟가락 떠서 먼저 입에 넣고, 두 손가락으로 밥
상 위의 열무지를 들어 입에 넣고 씹다가, 손에 들고 있던 숟
가락으로 짐치국(김칫국)을 떠서 입에 넣고는 밥을 꿀떡 삼
키셨다. 투박하고 따스한 정성이 담긴 구례아짐의 열무지와
할머니가 무척이나 그립다. 추억이 담긴 음식은 이 세상 어
느 음식보다 맛있고 따뜻하다.

광주의 다양한 김치

광주에서 태어나 지금껏 살고 있는 광주는 남도김치의 본산지다. 광주시를 둘러싼 담양, 화순, 나주, 신안지방의 풍부한 재료들의 집산지로, 싱싱하고 다양한 채소, 각종 해산물, 젓갈들이 풍부해서 언제든지 손쉽게 다양한 김치들을 담글 수 있다.

갓물김치

겨울 끝자락에 씨 뿌린 재래 홍갓이 동이 서고 꽃대가 올라오면 가장 부드러워서 봄에 먹는 물김치용으로 가장 적합해서 무와 함께 담그면 보라색 물 빛깔은 눈으로도 즐겁고, 안토시안이 풍부하고 알싸한 맛은 별미이다.

광주 갓물김치

노각김치

여름에 재래종 늙은 오이 노각은 다양한 요리를 즐길 수 있는 재료다. 약간 누런빛이 들면 겉껍질을 벗기고 씨를 파낸 다음 나물이나 냉국으로 즐기고 더 누런빛이 들면 김치를 담근다. 껍질을 벗기고, 씨를 파낸 다음 적당한 크기로 썰어 소금에 절였다가 물기를 짜고 김치양념에 토하젓을 넣어 버무리면 아작거리면서 쌉싸래한 맛이 밥을 부른다. 전체가 누렇게 되면서 그물망이 생기면 세로로 길게 잘라 씨를 파낸 다음 소금을 가득 채워 이틀 정도 절였다가 햇볕에 하루 정도 구득구득 말려 술지게미에 재워 장아찌를 담가도 좋고, 얄팍하게 썰어 들깨탕을 끓여도 늦여름을 잘 지낼 수 있다. 오이 하나로도 시기에 따라 다양함을 즐길 수 있는 재료이다.

광주 노각김치

늙은호박알타리김치

가을에 호박이 누렇게 익어 단단해지면 껍질을 벗기고 삶아서 배추김치를 담그면 숙성 후 그 시원한 맛은 어떤 재료도 이길 수 없는 막강한 김치재료다. 김치찌개의 맛도 좌우한다. 좋은 햇볕에 호박고지를 말렸다가 약간 불린 후 알타리무와 함께 담가 익으면 그 또한 시원하고 알타리무를 맛있게 한다.

광주 늙은호박알타리김치

고운물로 동동 대표 **임 재 숙**

광주 동과김치(동아김치)

동과김치

지금은 광주시 남구에 속하지만 얼마 전까지는 대촌면이었던 이곳은 시댁의 종가가 있는 곳으로 동과를 많이 심은 곳이다. 큰 것은 30 kg이 넘는 것도 있다. 겉에 하얀 분이 가득한 동과를 세워서 윗부분은 10 ㎝ 정도 자른 후에 속씨를 파낸 다음 항아리 속에 그대로 넣어 자리를 잡게 한 다음 청각, 마늘, 생강, 대추를 넣고 끓인 황석어젓(약간 짭조름한)국물을 맑게 거른 후 동과 안에 80% 정도 붓고 뚜껑을 닫고 자른 부분은 한지로 붙여 공기가 들어가지 않게 한 겨울을 두었다가 설 무렵에 국물을 따라 내고 껍질을 벗겨 알맞은 크기로 썰어 국물에 넣어 먹으면 정말 시원하고 짜릿하다. 모든 박과 식물은 김치를 시원하게 한다. 동과정과는 정과 중에 으뜸이다.

담양의 죽순김치, 죽순장아찌, 죽순말랭이

음식하기를 즐기셨던 친정엄마는 봄 냉이부터 시작해서 철철이 제철에 나는 재료들을 특성에 따라 말리고, 절이고, 장

아찌로 담그셨다. 때문에 엄마의 광은 늘 풍성했다.

특히 고향이 담양인 엄마는 죽순을 이용한 물김치와 장아찌만큼은 때를 놓치지 않고 담그신다. 한 번은 "어떻게 제철의 시기를 그리 잘 아시냐?"고 여쭸더니 "머리가 아닌 몸으로 알아야 한다."는 답변만 내놓으신다.

요리깨나 한다는 말을 들은 내 나이도 육십에 이르렀지만 매번 제철의 시기를 놓칠 때가 많다. 솜씨 좋은 어머니 밑에서 배웠던 그 맛의 기본을 무시하고 젊었을 때는 모든 음식에 양념만 믿고 과하게 해야 맛있는 줄 알았다. 나이가 드니 재료 본연의 맛을 중요시했던 어머니의 철학이 비로소 정답이라 느껴진다. 나 또한 물김치의 세계에 빠져 어릴 때부터 먹어왔던 물김치의 기억에 남는 맛은 어떤 맛이 최상일까 늘 고민한다.

제철에 풍부한 재료를 말려 쓰는 말랭이도 매력을 느껴 어느덧 어머니 흉내를 내고 있다. 김치를 싫어하는 요즘 아이들도 좋아할 수밖에 없는 김치 개발에 나의 일생을 투자하고 싶다. 분명한 건 세상에서 가장 맛있는 건 추억 속의 그리운 맛인 듯하다.

담양 죽순김치

임 재 숙 고운물로 동동 대표

_수상
• 2010 남도향토음식경연대회 우수상
• 2011 한국국제요리경연대회 김치류 문화체육관광부장관상
• 2012 한국국제요리경연대회 건강음식 문화체육관광부장관상
• 2013 한국국제요리경연대회 김치류 국무총리상
• 2014 한국국제요리경연대회 향토음식 국회의장상
• 2015 한국국제요리경연대회 김치류 농림축산식품부장관상

아버지의 음식 '동치미 밥말이'

문고리에 손이 쩍쩍 붙는 추운 겨울, 땅속에 묻은 항아리 속 동치미가 익어가면서 살얼음이 끼기 시작하면 아버지의 음식 '동치미 밥말이 야참'이 시작된다.

동치미소 무와 배추는 채썰고, 차가운 동치미 국물에 뜨거운 밥을 말아 뜨끈뜨끈한 아랫목에 온 식구가 모여 앉아 먹었던 동치미 밥말이 야참은 항아리가 밑을 보일 때까지 하루도 빠지지 않았다. 아주 가끔은 국수가 밥을 대신하기도 했다. 어언 세월은 흘러 내 나이가 동치미 밥말이를 해 주시던 아버지의 나이보다도 훨씬 더 들었고, '동치미 밥말이' 하면 그리움과 동시에 가슴이 먹먹해짐을 느낀다.

그토록 그리워하면서도 끝내 갈 수 없었던 내 아버지의 고향은 '평안남도 중화군 간동면 간지정리'다. 어린 시절 아버지의 고향 이야기에는 늘 그곳 음식에 대한 그리움이 함께였다. 꽤나 부잣집 큰아들이었던 아버지에게는 집안에서 인정한 솜씨 좋은 어머니가 계셨다. 할머니께는 장남 아들에게 요리해 주는 게 낙이었고, 늘 맛난 음식과 함께 모자의

정을 키웠다. 아버지는 음식을 통해 할머니를 그리워하고 계셨다. 어린 마음에 그런 아버지가 궁상맞아 보이기도 했다. 하지만 친정 엄마는 늘 이런 아버지께 측은지심을 품었던 것 같다. 아버지의 표정이 어두울라치면 늘 아버지의 고향 친구분들을 초대하셨고 냉면과 만두에 빈대떡이며 물김치까지 아버지의 고향 음식을 만들어 접대하셨다. "그래, 이 맛이야, 이 맛." 하시는 아버지의 흥분 섞인 목소리와 눈물을, 어린 나는 절대 이해할 수 없었다.

엄마의 고향은 전라도 담양이셨다. 가본 적도 없는 지아비의 고향 음식을, 한번도 뵌 적 없는 시어머니의 손맛을 정확히 만들어내다니! 어머니의 타고난 감각은 정말 대단했다. 물론 지아비를 위해, 지아비 고향의 맛을 내기 위해 부단한 노력을 하셨음에는 의심의 여지가 없다.

올해 아흔이신 친정 엄마는 지금도 손수 김치를 담그신다. 담그기만 한 게 아니라 당신이 직접 재료를 골라야 직성이 풀리시는 분이라 새벽시장도 마다하지 않고 장을 보신다. 요리에 대한 열정, 음식에 대한 고집은 둘째가라면 서러울

동치미 밥말이

평양에 다녀온 지인이 옥류관 냉면이 슴슴하고 맛이 별로라고 했다. 여기(남한)의 냉면에 길들여진 그분의 입맛에 평양의 냉면은 생소한 맛일 거라는 생각이 들었다.

무동치미

정도이다. 그런 엄마가 가장 잘 담그셨던 김치는 물김치. 유독 물김치를 좋아하시는 아버지를 위해 우리집의 식탁엔 일 년 내내 다채로운 재료가 함께한 물김치가 떨어진 날이 거의 없었다.

옛날엔 요즘처럼 봄채소가 넉넉하지 않았다. 하지만 어머니께서는 절여 놓았던 것, 말린 것 또는 봄나물로도 물김치를 담가 까다로운 아버지의 식성을 맞추셨다. 지금 생각하니 아버지의 고향에 대한 그리움의 끝은 친정어머니였을 것이다.

일 년에 몇 번 못 먹는 귀한 '꿩국물김치'

아버지는 물김치 중에서도 꿩국물김치를 가장 좋아하셨다. 이는 시골에서 꿩을 잡아 온 날만 담글 수 있는 일 년에 몇 번밖에 못 먹는 귀한 김치였다. 배추와 무로 붉은 물이 약간 들 정도의 반지를 담가 하루쯤 숙성시킨 다음 꿩을 푹 삶아 국물은 면포에 걸러 맑게 하고 고기는 찢어 간을 맞추고 김치에 붓는다. 맛이 어우러지면 순 메밀을 국수로 뽑아 말아 먹었던… 그 맛에 길들여진 우리 식구들이 식당 냉면을 즐기지 못하는 이유이다.

진도 대파김치

　울돌목 명량대첩으로 더욱 유명해진 관광명소 진도군은 구기자, 봄동, 배추 등 다양한 농산물과 해산물이 많이 생산된다. 그중에서 특히 우리나라 겨울철 대파의 주산지로서 진도를 꼽는다. 진도는 다른 지역보다 날이 따뜻해 한겨울에도 대파를 수확할 수 있으며, 해풍에 의한 영향으로 단단하고 맛이 좋고, 각종 무기질 성분을 풍부하게 함유하고 있다. 겨울 대파가 다른 계절에 수확한 대파보다 단맛이 더 강한 이유는 매서운 바닷바람에 견딜 수 있도록 줄기나 잎에 양분을 많이 축적하기 때문이다. 그래서 대파를 소금에 절여 김치를 담그면 익을수록 단맛이 난다.

진도 대파김치

함평 양파김치

　해양을 낀 자연적인 여건과 게르마늄 성분이 가장 많이 분포되어 있는 지역인 함평군은 양파, 함평천지한우, 나비쌀, 복분자와 레드마운틴, 선짓국비빔밥, 육회비빔밥, 미니단호박, 함평만 갯벌낙지와 생굴, 무화과와 잼, 무항생제 뱀장어, 대봉감 등 풍요로운 먹거리를 친환경으로 재배한다. 초여름에 싱싱한 새우젓을 풋양파에 넣어 담그는 함평지역 양파김치는 무더위에 지쳐 잃어버린 입맛을 찾게 해준다.

함평 양파김치

진도군, 함평군, 담양군, 장성군의 김치이야기

박기순김치·식문화연구소 대표 **박 기 순**

담양 죽순김치, 떡갈비

청정지역 담양군은 대나무 생육에 가장 알맞은 기후풍토를 가지고 있어 대나무가 잘 자라고 죽공예품이 많이 생산된다. 담양은 소의 갈비살을 칼로 다지고 갈빗대에 감아 석쇠에 구워내는 담양떡갈비, 간장양념하여 숯불에 직접 구워내는 돼지갈비, 관방제림 아래 평상에서 관방천을 바라보며 먹는 물국수와 삶은 약달걀이 유명하다. 죽순의 질이 우수하며, 딸기, 멜론, 방울토마토 등이 일품이다. 대숲향을 담은 자연의 맛 죽순은 생죽순, 절임죽순으로 포장하여 판매하는데, 대통밥과 죽순된장국, 죽순나물, 죽순장아찌, 죽순겉절이, 죽순김치 등으로 차려내는 담양대통밥한정식은 전라도의 푸짐한 상차림을 보여준다.

장성 단감김치

장성군은 백암산과 입암산의 깊은 계곡을 따라 황룡강이 흐르며 이 강의 상류를 막아 광주광역시 광산구, 나주시, 장성군, 함평군 등 4개 시·군·구의 농토를 적셔 호남의 쌀농사를 짓는데 젖줄 역할을 하고 있다. 장성에는 단감, 사과, 배 등의 과일이 많이 생산되며, 잉어, 쏘가리, 빙어, 붕어 등 각종 민물고기가 많아 강태공들의 발길이 연중 끊이지 않는다. 장성 하면 단감이 유명한데 수분이 많고 달며 조직이 부드럽다. 단감과 무를 썰어 소금에 절이고 고춧가루, 새우젓, 파, 마늘을 넣은 김치양념으로 버무려 담그는 단감김치는 단맛이 있는 샐러드처럼 짜거나 맵지 않고, 바로 먹을 수 있으며 어린이부터 어른들까지 모두 좋아한다.

담양 죽순김치

장성 단감김치

박 기 순 박기순김치·식문화연구소 대표

–논문 : 꽃게를 첨가한 김치의 품질특성(이학석사학위), 축제음식판매장의
메뉴선택속성과 축제만족도간에 있어서 지각가치의 매개효과 연구(경영학
박사학위)
–연구 : 진도토속음식상품화, 광주김치 판매촉진을 위한 수도권 홍보 및 맞
춤형 광주김치, 광주명품김치 생산기준 표준화, 곡성기차마을 전통시장 먹
거리 개발, 영암대봉감 소비촉진, 진도아열대채소 저장성 평가 및 요리법
연구, 피조개천연조미료(특허출원)
–수상
• 2010 제17회 광주세계김치문화축제 김치명인콘테스트 대통령상
• 2007 함평군 국화향토음식발굴경진대회 동상
• 2009 한국국제요리경연대회 김치류 문화관광부장관상
• 2010 한국국제요리경연대회 김치류 보건복지부장관상
• 2012 한국국제요리경연대회 건강음식 문화체육관광부장관상
• 2013 한국국제요리경연대회 김치류 국무총리상
• 2014 한국국제요리경연대회 김치류 국회의장상
• 2015 한국국제요리경연대회 김치류 농림축산식품부장관상
• 2019 한국국제요리경연대회 한국김치 대통령상

어릴 적 우리집 밥상은

세월이 흐를수록 어머니의 손맛, 아버지의 손맛이 느껴지
는 늘 그리운 음식이 있다. 가난이란 단어가 우리 곁에서 떠
나지 않던 그 옛날 우리집 밥상은 늘 채소뿐이었다. 1970년
대 무더운 여름, 마당 한쪽에 우물이 있어 두레박을 이용해
우물물을 퍼서 식수로 쓰던 시절이었다. 냉장시절이 없어 여
름이면 쉽게 시어지는 열무김치를 깊은 우물에 담가 시원하
게 보관해 두었다가 꽁보리밥에 열무김치 하나 놓고 먹으면
부러울 것이 없었다. 어머니께서는 콩밭 사이사이에서 자라
던 열무를 뽑아 오시고는 풋고추에 보리밥을 넣어 확독에
갈아 김치를 담가서 깊은 우물물에 넣어 두었다 꺼내 먹게
하셨다. 지금처럼 시원하지는 않았지만 그 시절에는 최고의
보관법이었다.

지금은 김치냉장고가 보급되어 가정마다 맛있고 시원한
김치를 언제, 어디서든 어렵지 않게 먹을 수 있게 되었지만,
어릴 적 우리집 김치는 더운 여름에는 우물물 속에, 추운
겨울에는 마당 한쪽 땅속에 저장했다가 맛있는 김치로 우리
오남매의 밥상을 채웠고 우리는 마냥 행복했었다.

또 하나 지금은 곁에 계시지 않지만 아버지가 살아 계시
던 명절에 우리는 아버지만의 특별한 명절음식을 기다렸다.
갖가지 명절음식을 준비하시던 아버지께서는 집에서 키우던
닭을 한 마리 잡아서 부위별로 각종 음식을 준비하시고는
마지막에 꼭 빠뜨리지 않고 닭 뼈를 모아 잘고 곱게 다져서
소금 간을 하고 밀가루와 달걀물을 입혀 닭 뼈 전을 부쳐주
셨다. 딱딱한 듯 씹히면서도 얼마나 고소한 맛인지, 오남매
가 모여앉아 아버지를 생각하면서 떠올리는 아주 귀한 추억
의 그 맛이 지금도 그립다.

꿈은 이루어진다

나는 아버지, 어머니의 정이 담긴 손맛을 물려받은 듯 음
식 만들기를 즐겨했다. 음식에 대한 열정을 갖게 되면서 영
원한 롤 모델 교수님을 만나 새롭게 시작한 공부, 이 시작이
나에게 새로운 삶을 살게 하고 있으며, 여러 선생님들과 함
께 김치책을 쓸 수 있는 영광도 누리게 되었다. 어떤 일이든
지 마다하지 않으시고, 늘 긍정적이시고 힘들고 지칠 때마
다 힘을 주시며 칭찬을 아끼지 않으시는 열정이 넘치시는 김

지현 교수님께 항상 감사하며 감동을 받는다.

광주에서 해마다 10월이면 열리는 광주김치축제행사에 참여하여 많은 경험과 다양한 체험들을 하면서 김치에 대한 관심이 생겼고, 내 꿈 또한 커졌다. 열심히 노력한 결과 전국의 음식경연대회 중 유일하게 대통령상이 주어지는 광주김치축제의 김치명인콘테스트에 출전하여 내 고향 진도의 특산물인 꽃게를 이용하여 꽃게보쌈김치를 만들고, 꿈꿨던 영광의 대상인 대통령상을 수상하였다. 대통령상을 수상한 이후 나의 삶에는 많은 변화가 생겼다. 많은 사람들에게 김치담그기 교육과 지역의 특산물을 이용하여 영양적으로도 우수하고 맛도 좋은 다양한 김치를 연구하고 있으며, 일상생활이나 어린이 간식 대용으로도 활용할 수 있는 광주만의 명품김치를 만들기 위해 노력하고 있다. 광주김치를 세계에 수출하고자 지역전략식품산업 육성사업으로 (사)광주명품김치산업화사업단에 참여하여 광주김치 맛으로 소비자들의 입맛을 사로잡는 명품김치를 생산하도록 표준레시피를 개발하였고, 해외에서 생산되는 김치와 비교하여 광주김치 제조방법의 우수성을 소개하고자 중국 광저우, 일본, 대만, 베트남 등을 방문하여 광주김치 담그는 방법에 대한 시연회를 직접 진행하고 있다. 김치를 현대화, 글로벌화하여 세계인의 입맛에 따른 남도김치문화의 특성이 배어난 맛을 창출하겠다는 것이다.

전통김치에 관한 연구에 관심을 가지거나 상품화시키려는 노력을 기울이는 이들이 더욱 많아지고 있다. 전통김치의 맛과 형태를 유지하면서, 좋은 재료로 제대로 만든 김치야말로 글로벌 시대에 맞게 세계화된 김치, 보편적인 전라도김치로 자리매김되고 '우리 것이 바로 세계의 것'이라는 진리를 깨닫게 하는, 남도김치 맛의 선구자로 거듭나는 김치명인이 될 것이다.

2010 광주세계김치문화축제 김치명인콘테스트 대통령상 수상

꽃게보쌈김치(2010 김치명인콘테스트 대통령상)

술지게미배추김치(2010 김치명인콘테스트 대통령상)

신안 홍갓(재래갓)김치, 마늘대김치, 바위옷묵김치

1004개의 섬 신안군. 바다에 둘러싸인 신안섬에서의 김장방법은 특이하다. 1960~1970년대 섬에서는 김장 때가 되면 바닷물이 맑은 곳으로 배추를 싣고 가서 짠 바닷물로 배추를 절이는 사람들이 종종 있었다. 그때는 요즘처럼 전동 분쇄기나 고추를 가는 기계가 없던 시절이라 물에 불린 마른 고추를 돌 절구통에 넣고, 마늘, 젓갈(봄철에 담근 멸치젓, 오뉴월에 담근 새우젓)과 밥을 넣고 갈아서 만든 양념으로 김치를 담가 먹었다. 절구에 남은 김칫국은 훑어내어 얼큰한 된장국을 끓이기도 하였다. 해풍을 맞으며 자란 홍갓에 갖가지 젓갈을 넣고 짭짤하게 담그는 신안의 홍갓김치는 입에 넣으면 코끝이 찡해지며 눈물이 핑 돈다. 단맛이 있으면서 얼큰한 대파김치, 봄에 부드러운 마늘대김치도 있다. 그리고 겨울에는 감태와 파래를 삭혀서 담그는 다양한 해초김치도 있는데, 바위에 붙어 자라는 바위옷(독옷, 바우옷)을 긁어내어 물을 붓고 끓여 냉각시킨 바위옷묵으로 담그는 바위옷묵김치도 특이하다.

무안 양파김치, 연쌈밥, 세발낙지 연포탕과 낙지호롱

무안군은 영산강과 해안을 끼고 있어 바다의 해풍과 염기로 인해 병충해를 예방할 수 있으며, 게르마늄이 풍부한 황토밭에서 자라난 황토양파, 황토마늘, 밤고구마, 간척지쌀, 운저리단감 등 무공해 농산물로 유명하다. 이외에도 무안의 질 좋은 황토로 빚은 분청자기가 알려져 있다.

뿌리가 아직 여물지 않은 어린 양파를 줄기째 절여서 고추와 젓갈을 넣어 김치를 담그고, 잘 영근 양파 중에서 크기가 작은 것을 골라 껍질을 벗겨내고 줄기 쪽에 열십자로 칼집을 내서 소금물에 3~4시간 절였다가 고추양념에 버무린 양파김치가 있다.

무안의 갯벌에서 나오는 세발낙지로 만든 연포탕과 탕탕이(산낙지), 짚에 세발낙지의 머리부터 통째로 끼워 돌돌 감은 다음 양념장을 골고루 발라가며 구워낸 낙지호롱은 맛도 맛이지만 감긴 낙지를 돌돌 풀어가며 먹는 재미가 색다른 별미음식이다.

백련의 고장이기도 한 무안은 해마다 회산백련지에서 연축제 및 연요리경연대회가 열리고 있고, 찹쌀, 연자, 연근,

신안 바위옷묵김치

무안 양파김치(@무안군 농업기술센터)

무안 연근장아찌

GOOD FOOD 연구소 대표 박 현 숙

무안 연쌈밥

무안 낙지호롱(@ 무안군 농업기술센터)

타우린이 풍부하여 '갯벌 속의 인삼'이라 불리는 낙지 역시 목포, 신안, 무안에서 많이 나며 '뻘낙지'로 불린다. 특히 가을 낙지는 쇠젓가락을 휘게 하고, 누워 있는 소도 벌떡 일어나게 한다고 한다. 낙지는 연포탕, 갈낙탕, 낙지볶음, 낙지호롱, 낙지회무침 등 요리방법도 다양하며, 낙지와 갈비를 넣어 끓인 개운한 국물의 갈낙탕이 유명하다. 그리고 연근해에서 잡아 오는 멸치, 새우, 황석어, 갈치 등에 소금을 넣어 담근 젓갈을 토굴에서 발효시켜 김장철에 꼭 필요한 재료로서 전국으로 판매한다.

밤, 대추 등을 연잎에 넣고 쪄낸 연쌈밥은 관광객들의 호기심과 미각을 충족시키는 데 부족함이 없는 음식이다. 연근장아찌, 연냉면, 연라면, 연식혜, 연잎차 등 연잎, 연근, 연자를 이용한 다양한 식품이 있다.

목포 홍어애국, 갈낙탕

목포시는 다도해의 청정바다와 차진 갯벌에서 나는 갖가지 해산물이 넘쳐나는 곳으로, 낙지, 홍어, 꽃게, 민어, 갈치, 조기 등 귀한 식재료가 풍부하다. 잔칫상에 절대 빠지지 않고 오르는 홍어는 '잔칫상에 홍어 없으면 자리를 박차고 되돌아간다'는 말이 있을 정도로 귀한 손님접대에 꼭 필요한 음식이다. 봄철 어린 보리순을 뜯어 주물러 풋물을 빼내고 된장으로 밑간을 하여 홍어의 내장인 애를 넣고 끓인 홍어애국은 다른 지방에서는 보기 드문 독특한 향토음식이다.

6월부터 9월까지 나는 민어는 하나도 버릴 것이 없는 귀한 생선인데, 『세종실록지리지』와 『동국여지승람』에 민어(民魚)로 나와 있을 만큼 예로부터 백성들이 즐겨 먹던 생선으로, 지금은 산지에 가야만 맛볼 수 있는 귀한 생선이기도 하다.

목포 갈낙탕

목포 홍어삼합

박 현 숙 GOOD FOOD 연구소 대표

– 논문 : 우리밀 밀기울을 첨가한 쿠키의 품질특성(이학석사학위),
　한식당 음식품질과 관계품질이 고객충성도에 미치는 영향(경영학박사
　학위),
　삶의 질 향상을 위한 지역공동체 개발에 관한 연구
– 연구 : 무등산보리밥, 우리밀빵, 여수돌산갓권역 갓을 활용한 음식, 강진
　회춘탕
– 수상
　• 2011 한국국제요리경연대회 김치류 문화체육관광부장관상
　• 2012 한국국제요리경연대회 건강음식 문화체육관광부장관상
　• 2013 한국국제요리경연대회 김치류 국무총리상
　• 2014 한국국제요리경연대회 향토음식 국회의장상
　• 2015 한국국제요리경연대회 김치류 농림축산식품부장관상
　• 2015 광주세계김치축제 김치명인경연대회 우수상(광주광역시장상)
　• 2019 한국국제요리경연대회 한국김치 대통령상

전남 신안군 안좌도 섬마을 요술할머니

　천사의 섬 전라남도 신안군 안좌면에서 정미소를 하셨던 친정아버지는 집에 손님이 오는 것을 참 좋아하셨다. 그래서인지 어릴 적 아버지의 정미소는 업무적인 손님들 외에도 늘 북적였다. 특히 색다른 음식을 장만하는 날이면 "음식은 서로 나누어 먹어야 제맛이다."며 어김없이 친지, 이웃들을 정미소로 불러들이셨다. 사람 좋아하는 아버지의 아내로서 엄마는 완벽했다. 재료가 있든 없든 '뚝딱뚝딱' 만들어 '떠~억' 하니 한상 가득 차려 내놓으시는 바람에 어머니가 위대하게 보이기도 했다. '닥치면 다 하게 돼 있다'는 말은 친정어머니에게서 나왔을 것이다. 겨울철이면 석화(굴) 한 가지로 회무침, 석화전(굴전), 석화만두(굴만두), 석화탕(굴탕)을 만들어 어리굴젓 등을 함께 상에 올리셨고, 갯벌의 낙지로 낙지호롱, 연포탕 등도 쉽게 만드셨다.

　특히 명절이 다가오면 어머니는 바위에서 자라는 바위옷을 가마솥에 푹 끓여서 바위옷묵을 만드셨다. 바위옷묵은 혼례에서 빠지지 않는 음식으로, 마을에 대사가 있거나 이웃끼리 혼례 치르는 집에 한 대야씩 쑤어다 주는 품앗이를 하기도 하였다.

　아주 가끔씩 일손이 바쁜 어머니를 도우려는 마음에 서툰 절구질을 하다가 돌절구에 손등을 긁힌 적도 있었는데, 지금은 아련한 추억의 이야기이다. 어머니는 늘 분주했지만 어릴 적부터 여러 음식들을 접할 수 있는 행운을 누렸으니, 나는 사람 좋아하고 인심 후덕한 친정아버지가 그저 좋기만 할 뿐이었다.

광산구 산월동
황부자댁의 장수음식

　시댁 역시 늘 많은 사람이 드나드는 훈훈한 가정이었다. 집안에 어른이 계시면 손님 또한 많은 법이다. 늘 시할머님의 안부를 묻는 친지들과 손님들로 북적였고, 이는 꼭 생신이나 명절에 국한되지 않았다. 손님들이 많다 보니 맏며느리인 나에게는 '음식 장만'이라는 숙제가 늘 따라다녔다. 104세까지 장수하신 시할머니, 시부모님, 그리고 자주 모이는 형제들로 인해 우리집은 KBS 아침마당 '황부자댁에 뭔가 있다', 광주 KBS '산월동 효자이야기', KBC '할머니를 부탁해' 등 여러 프로그램에 출연하여 우애하는 가정으로 소문이

났다. 방송에서는 '우리 집안의 음식 비법'을 캐내려는 작가들의 예리한 시선들이 늘 함께했다.

시할머니의 장수 비결은 아마도 담양에서 시집오신 시어머니의 노력 덕분이 아닌가 싶다. 할머니의 밥상엔 고사리, 머위대, 토란대, 피마자잎, 호박고지, 박고지, 토란잎, 말린 가지, 비름나물, 죽순나물 등 계절마다 다양한 나물과 황룡강에서 잡아온 민물고기 요리가 늘 차려졌다. 할머니께선 이 가운데 무와 함께 조려낸 짭짤한 생선조림을 특히 좋아하셨다. 집안 행사 때마다 시댁엔 빠지지 않는 단골 음식이 있었으니, 코를 찌르는 삭힌 홍어회무침과 집에서 직접 만든 메밀묵, 그리고 한과, 약과, 식혜, 수정과 등이다.

명절이 가까워지면 시부모님께서는 메밀을 곱게 타서 물에 불렸다가 메밀묵을 쑤셨다. 메밀묵을 맛나게 먹고 있는 며느리에게 "그 묵을 젓느라 팔이 아파 혼났다"라고 하소연하시던 아버님의 모습(2013년 他界)이 그립다.

올해 김장도 시댁에서 어머님, 형제들과 함께 200포기의 김치를 담갔다. 김장 문화는 나눔과 정의 문화인데 우리집에서는 여전히 정이 넘치는 김장이 진행되고 있다.

섬처녀, 도시에서 전통의 맛을 이어가다

어릴 때부터 음식에 대한 관심이 남다르기도 했던 나는 대학에서 식품영양학을 전공, 졸업 후에는 영양사로 근무하면서 음식과의 인연을 이어갔다.

藥食同原(약식동원)이라는 말처럼 '음식과 약의 근원이 같다'는 철학으로 좀 더 건강하고 안전한 음식을 찾다보니 결국 우리의 전통음식이 우리 몸에 가장 좋다는 결론을 얻어냈다.

'GOOD FOOD 연구소'의 탄생의 배경이기도 하다. 친정어머니와 함께 신안의 천일염과 국산콩으로 만든 전통 된장과

간장, 고추장으로 전통 발효음식의 맥을 이어가고 있으며, 가족과 주위 친지들과 함께 나누고, 지인들을 통해 찾는 이가 있어 소량의 판매도 하고 있다.

해마다 열리는 광주김치축제 체험장에서 외국인과 시민들에게 김치 체험교육을 4년 동안 하다 보니 전라도 김치에 대한 관심과 열정이 생기게 되었다. 앞으로도 우리 전통음식의 맛과 우수성을 널리 알리는 소명감을 갖고 우리 선조들의 전통의 맛을 연구하며 나의 가족을 위해서 만들듯이 건강한 먹거리, 착한 먹거리를 연구하는 일을 계속해 나갈 것이다.

정미소

GOOD FOOD 된장, 간장, 고추장

곡성 깻잎김치

　내가 살고 있는 곡성군에는 멜론, 참외, 방울토마토 등의 과일과 우수한 농산물이 많이 생산되는데 그중 깻잎 생산량이 많다. 곡성깻잎은 향이 진하고 잎이 두껍고 철분이 풍부하다. 깻잎김치는 김치양념에 멸치액젓을 넣어 담그기도 하지만, 청장을 넣어야 깻잎의 독특한 향과 맛이 난다.

곡성 깻잎김치

순천 고들빼기김치

　순천시에서 많이 생산되는 쌉싸름한 고들빼기로 담그는 김치는 멸치젓의 구수한 맛과 어울려 밥맛을 돋우는 약선김치이다. 특히 순천시 별량면 개랭이마을의 고들빼기는 뿌리가 길고 씹히는 맛과 향이 마치 인삼과 같다. 8월 말부터 나오는 고들빼기는 뿌리가 적고 잎이 커서 소금물에 담가 쓴맛을 우려내 김치를 담그고, 겨울에 나오는 고들빼기는 잎이 적고 뿌리가 길어 소금물에 삭히지 않는다. 김장철에 멸

치젓과 찹쌀풀을 섞어 만든 진한 양념으로 파를 섞어 고들빼기김치를 담그면 겨우내 맛있게 먹을 수 있는 별미김치가 된다.

순천 고들빼기김치

구례 오이지

　봄을 알리는 전령 산수유가 많이 피는 구례군에서 생산되는 오이는 맛이 좋아 유명하며 그 생산량이 많다. 구례오

구례 오이소박이

곡성군, 구례군, 순천시, 광양시, 여수시의 김치이야기

은산촌푸드 대표 **김 영 숙**

이는 지리산 산야초 퇴비를 사용하여 맛과 향이 뛰어나며 품질이 균일하고 단단해서 오랫동안 보관이 가능하다. 아삭아삭 씹히는 시원한 오이에 부추를 넣어 담근 오이소박이와 오이를 통째로 소금에 절여 담그는 오이지가 있다.

광양 매실장아찌

광양군은 이른 봄 섬진강변에 핀 매화꽃을 보기 위해 관광객이 많이 찾아든다. 백운산 기슭에 자리한 청매실농원은 기후조건과 산세 등이 매화생육에 좋은 지형이며, 매화단지 규모가 국내 최대이다. 매실과 설탕을 넣어 만든 매실청이 다양한 용도로 사용되고 있고, 매실과육을 씨에서 분리해 설탕에 절인 매실장아찌는 고추장에 넣어 숙성시키기도 하고 샐러드드레싱에 다져 넣으면 상큼한 맛이 더해진다. 청매실농원에서만 맛볼 수 있는 제대로 담가진 매실장아찌는 서걱거릴 정도로 아삭하게 씹히며 신맛이 있고, 배우 배용준 씨가 황금알이라고 이름지어준 담근 지 5년이 넘은 매실장아찌는 살구를 씹는 것처럼 부드럽고 단맛이 있다.

여수 돌산갓김치

여수엑스포공원을 지나 이순신대교를 건너가면 탁 트인 남해바다에 돌산섬이 있다. 여수시의 대표 향토음식 돌산갓김치는 돌산섬지역에서 나는 갓으로 담근 김치이다. 돌산갓은 잎이 초록색으로 매운맛이 덜하고 섬유질이 적어 부드러우며 김치를 담근 후 바로 먹을 수 있고, 토종갓으로 불리는 홍갓(적색갓)과 청갓(푸른갓)은 특유의 향과 매운맛이 강해서 김치를 담가 푹 익혀 먹는 것이 좋다.

광양 매실장아찌

여수 돌산갓김치

김 영 숙 은산촌푸드 대표

- 논문 : 채소의 종류를 달리한 양념으로 제조한 김치의 품질특성
  (이학석사학위)
- 연구 : 광주김치 레시피표준화, 구례 향토나물음식, 곡성기차마을
  전통시장 먹거리, 순천개랭이권역 고들빼기 연구, 남도음식 맛소믈
  리에, 남도식문화해설사 강의
- 수상
  - 2009 광주김치문화축제 김치퓨전요리 콘테스트부분 장려상
  - 2010 한국국제요리경연대회 김치류 보건복지부장관상
  - 2011 한국국제요리경연대회 김치류 문화체육관광부장관상
  - 2012 한국국제요리경연대회 건강음식 문화체육관광부장관상
  - 2013 한국국제요리경연대회 김치류 국무총리상
  - 2014 한국국제요리경연대회 향토음식 국회의장상
  - 2015 한국국제요리경연대회 김치류 농림축산식품부장관상

친정어머니 확독(돌확)과 어린 열무김치

내가 사는 곡성의 기차마을은 청정옥수 섬진강을 따라 하얀 연기 내며 달리는 증기기관차가 있다. 곡성에서 태어나 곡성으로 시집와서 아들 환성이를 낳고 행복한 가정을 꾸리며 살고 있다.

친정집에는 제법 큰 대리석으로 만든 확독이 있었다. 외할머니께서 물려주셨다는 확독은 엄마가 소중히 여기는 물건 중의 하나였다. 해질 무렵 엄마는 텃밭에서 어린 열무를 뽑아 씻어 놓고, 마른 고추를 청장에 불리고 마늘, 생강, 식은밥 한 덩어리를 넣어 확독에 갈아서, 어린 열무에 김치양념을 넣고 살살 버무려 김치를 담갔다. 연기가 피어오르고 해가 어둑어둑해진 저녁 온가족이 평상에 둘러앉아 김칫국이 자박하게 생겨난 열무김치의 국물을 떠먹고 나서 열무를 밥에 넣어 비벼 먹었다. 특히 아버지께서 가장 좋아하셔서 엄마는 여름이면 열무김치를 자주 담갔는데 확독에서 거칠게 갈아진 고추가 목에 걸리면 고추를 곱게 갈아달라고 입을 삐죽거리곤 했었다.

김치 담그기를 정말 좋아하는 나는 친정어머니와의 추억과 확독을 유품으로 물려받았다. 몇 년 동안 사용하지 않고 두었던 확독을 꺼내어 깨끗하게 씻어내고 마른 고추를 확독에 갈아서 엄마가 하셨던 것처럼 나도 열무김치를 담가보았다. 고추를 가는 동안 땀범벅이 되었고, 열무를 버무려서 맛보는데 엄마가 갈았던 고추보다 더 거칠게 갈아져 목에 걸렸다. 열무김치를 먹으면서 엄마에게 투정부렸던 것에 눈물이 났고, 손이 화끈거려 그 시절 엄마의 정성에 가슴이 메었다. 이제는 엄마가 담근 열무김치를 먹을 수는 없어도, 외할머니께서 엄마에게, 그리고 엄마가 나에게 물려준 확독에 고추를 갈아서 김치를 담그고 아들과 함께 먹으며 확독과 열무김치에 대한 추억을 만들고 있다.

돌확

은산촌 시댁의 담배상추김치

    시댁마을 은산촌은 아름드리 참나무, 상수리나무, 대나무가 울창하게 마을을 둘러싸고 있는 곡성의 작은 산골마을이다. 내가 운영하는 '은산촌푸드'는 바로 시댁의 동네이름에서 따온 것이기도 하다. 종가 살림을 도맡아 하시는 종부이신 어머니는 고조할아버지부터의 제사와 시제를 모시는데, 집안의 어르신들이 많이 오시는 시제를 모실 때마다 매번 새로이 김치를 담그신다. 특히 들깨를 볶아서 갈아 만든 들깻가루를 담배상추김치에 넣는데, 들깻가루 때문에 매운맛은 줄어들고 고소한 맛과 향이 있어, 김치를 숙성시켜 먹는 것보다 담근 후 바로 먹으면 더 맛있다. 집안의 잦은 행사를 치르느라 나는 어머님과 함께 늘 음식을 만들었고, 자연스레 어머님의 솜씨를 배우게 되었다. 지금 내가 전라도식으로 담그는 '은산촌김치'의 밑거름이 되었으며, 전라도를 대표하는 김치생산업체의 운영자가 되고자 하는 미래의 큰 꿈을 가지고 있다.

담배상추

화순, 약초가 풍성한 청정골의 더덕김치, 달래김치

내가 살고 있는 청정고을 화순군은 천년의 문화가 살아 숨쉬는 세계문화유산 고인돌공원, 천불천탑의 전설을 간직한 신비의 고찰 운주사, 선종의 개창지인 쌍봉사 등 문화유적이 많다. 전체 면적의 74%가 산림인데다 연평균 기온이 13.8℃로 서늘하면서도 일조량이 풍부해 산약초 재배의 최적지다. 화순은 참살이 먹거리 고장이기도 하다. 파프리카와 자두, 복숭아, 방울토마토 등이 재배되며 인삼 못지않은 약용식물인 가을철 더덕으로 담그는 더덕김치와 봄철 들에 나는 달래를 버무려내는 달래김치가 별미김치이다.

영암, 고구마줄기김치

백제 왕인박사와 신라 말 도선국사의 탄생지이기도 하며 월출산으로 유명한 氣의 고장 영암군은 갯벌과 평야가 함께 발달한 만큼 식재료 또한 다양하고 풍부한 곳이다. 영암군의 대표 브랜드쌀인 달마지쌀 골드는 전국 12대 고품질 브랜드쌀이다. 할아버지의 고향인 영암에 사셨던 할머니는 해안지역에서 잡은 잡어로 젓갈을 담그고, 그 젓갈을 이용해 김치를 잘 담그셨으며, 여름철엔 고구마줄기의 껍질을 벗기고 데쳐 담근 고구마줄기김치는 밥 한 공기쯤은 뚝딱 비우게 만드는 밥도둑이었다. 친정어머니는 지금도 가끔씩 시어머니의 고구마줄기김치 생각에 눈시울을 붉히신다.

화순 더덕김치

화순 달래김치

영암 고구마줄기김치

화순군, 영암군, 영광군의 김치이야기

숨발효음식연구소 대표 조은주

영광, 미나리콩나물김치

영광군은 영광굴비와 모싯잎송편, 찰보리가 유명한 9경, 9미, 9품의 고장이다. 영광군 칠산 갯벌 천일염은 자생하는 생물들에 의해 칼슘, 칼륨, 마그네슘이 다량 함유되어 있다. 영광굴비를 만드는 데도 사용되는 영광천일염은 『조선왕조실록』을 통해 그 역사성이 검증되었다. 간장, 된장, 고추장, 김치, 장아찌에 들어가는 재료 중 가장 중요한 소금은 친정 어머니의 고향인 영광에서 공수해 온다. 우리집 발효음식의 가장 중요한 재료는 3년 이상 간수를 뺀 영광천일염이다.

어릴 적 엄마 손을 잡고 외가댁 영광에 가면 이 세상에서 가장 온화한 미소를 지으시며 버선발로 마중 나오셨던 외할머니가 계셨다. 외할머니는 아껴두셨던 곶감과 강정을 벽장(다락방)에서 아낌없이 내주셨고 연한 미나리와 통통한 콩나물을 살짝 데쳐 얼른 김치양념에 버무린 미나리콩나물김치를 내놓으셨다. 아삭아삭한 미나리콩나물김치는 밥상에서 늘 먹던 배추김치와는 색다른 맛으로 기억 속에 자리 잡은 향토음식이다.

영광 굴비

영광 미나리콩나물김치

영광 모싯잎송편, 찰보리송편

조 은 주 숨발효음식연구소 대표

–논문 : 엿기름 첨가량이 다른 보리당화액으로 제조한 보리시럽의 품질특성(이학석사학위)

–연구 : 장성돼지감자잎, 여수 돌산갓권역 향토음식, 광주무등산보리밥, 순천개랭이권역 고들빼기김치, 보리시럽(특허출원) 연구
  장류사범(간장, 된장, 고추장, 장아찌), 무안향토식문화이해교육, 강진음식문화대학강의, 광주학교급식조리사 연수교육

–수상
  • 2012 한국국제요리경연대회 건강음식 문화체육관광부장관상
  • 2012 무안군 전국연요리경연대회 우수상
  • 2013 한국국제요리경연대회 김치류 국무총리상
  • 2014 한국국제요리경연대회 김치류 국회의장상
  • 2015 한국국제요리경연대회 향토음식 문화체육관광부장관상

비봉산 아래에서 숨을 쉬다

모처럼 아침햇살이 눈부시다. 며칠 동안 이어지는 가을 장맛비에 집안 여기저기 눅눅함이 느껴진지라 문살 너머 내리쬐는 햇살이 여간 반갑지 않다. 산수 풍치가 좋기로 유명하며, 한 폭의 산수화 같은 새벽안개가 깔리고 각양각색의 새들이 울창한 송림 속에서 목청을 뽐내는 이곳 전라도 화순군 비봉산 아래 아담하게 한옥을 지어 '숨발효음식연구소'라 명하고 기거한 지도 벌써 수년이 지났다.

중년의 나이에 접어들면서 나도 모르게 고향과 전통음식이 주는 이끌림에 시골생활이 시작되었다. 이곳에서의 생활은 이른 아침이면 마당에 나와 날씨부터 살피는 습관이 생겼다. 오늘처럼 따스한 햇볕의 기운이 온몸에 전해지면 아침부터 분주해진다. 마당에 덕석(멍석)을 깔고 고추, 호박, 고구마줄기, 장아찌에 들어갈 온갖 채소들을 말리고 있노라면 희열마저 느껴진다. 매년 직접 콩을 가꾸고, 직접 수확한 햇콩으로 간장이며 된장, 고추장을 직접 담그는 전라도 아줌마가 되어간다.

그리운 울 할머니 손맛

부부교사이신 우리 부모님을 대신해 우리 남매들은 할머니의 손에 키워졌다. 여느 조부모가 다 그러하듯 우리 할머니 역시 부모와 떨어져 사는 우리들이 행여 기죽을까 봐, 옷 하나, 먹는 것 하나까지 각별히 까다롭게 챙기셨다. 할머니를 생각하면 눈물부터 맺히는 것은 금지옥엽 우리를 어루만져 키워주신 할머니의 정성을 알기 때문일 것이다.

내 요리 연구의 원천은 할머니이며, 할머니가 사셨던 전라도 영암에서 비롯된다. 할머니의 김치는 젓갈맛이 강했는데, 확독에 힘주어 간 고추에 5년 이상 묵힌 멸치젓(할머니는 매년 젓갈을 담그셨다)을 끓이지 않은 채 넣는 게 비법이었다. 진국으로 쓱쓱 버무린 김치를 통째 듬뿍 찍어 우리 입에 넣어주시면서 할머니는 어린 손주들의 반응을 다소 긴장된 표정으로 기다리셨다.

비 오는 날이면 마당에서 갓 따온 방앗잎으로 반죽을 만들고 가마솥 솥뚜껑을 뒤집어 돼지비계를 녹여가며 채반 가득 부침개를 부쳐내셨다. 할머니 옆에 웅크리고 앉아 맛보

앉던 그 맛이 그리워 지금 살고 있는 한옥 뒷마당 텃밭에도 방앗잎이 살랑거린다.

자연에서 키워낸 농작물을 이용하여 어려서부터 보고 자란 울 할머니 음식솜씨, 살림솜씨를 더듬더듬 기억해 가면서 그 맛을 살려내는데 하루해가 짧다. 그럼에도 불구하고 할머니의 손맛을 살려내기에 아직은 턱없이 부족함을 느낀다.

화순 능주에 있는 우리집 텃밭에도 역시 당귀, 취, 방풍, 더덕, 도라지, 둥굴레, 곰보배추 등 20여 종의 채소와 약초들이 자연의 이치에 순응하며 잘 자라고 있고, 이것들은 장아찌의 재료로 쓰인다. 마당 뒤편에 있는 텃밭은 우리 가족의 건강을 지켜주는 보물창고이다. 한두 가지를 제외하고는 모든 요리의 재료를 손수 재배하고 직접 다듬어 사용한다. 요란하게 건강을 챙겨 보약을 먹거나 운동을 따로 하지 않아도 제철 식재료와 전통 방식으로 만든 장, 된장, 고추장, 김치가 우리집 밥상의 기본이며 건강 지킴이이다.

텃밭만큼이나 소중한 재산인 확독은 우리집 마당 한쪽을 차지하고 있는데, 할머니가 시집올 때 가져와서 사용하던 것으로, 긴 시간이 지나 이제는 내가 여기에 고추를 갈며 할머니를 떠올린다. 어릴 적 가장 흔한 식재료로 눈과 입을 즐겁게 해주고 내 몸과 마음을 성장시켰던 할머니의 밥상은 매일 약상으로 다시 거듭나고 있다. 그 맛을 잊지 못하는 나는 오늘도 어린 시절을 되새기며, 텃밭에서 채소를 따서 밥상에 올리며 할머니의 사랑을 추억한다.

툇마루에 걸터앉아 처마 끝에서 스치는 미풍에도 작은 떨림으로 자연의 이치를 받아들이는 풍경소리에 취한다. 좋은 공기와 더불어 호흡하고 몸에 이로운 발효음식을 연구할 수 있는 지금의 소박한 행복에 감사한다.

발효식초

보리시럽(특허 제10-1626707호)

숨발효음식연구소

강진의 구강태김치, 미나리김치

　강진군은 국립공원 월출산과 경포대, 석문정 등 경관이 수려한 명소가 많으며, 다산 정약용 선생이 거처하던 다산초당과 고려청자의 요충지가 있는 문화예술의 고장이다. 강진의 특산물은 간척지와 옥토에서 생산된 윤기 있는 쌀과 청정자연에서 키운 한우, 파프리카, 흑토마토, 바지락, 꼬막 등 친환경 농산물과 수산물이 다양하다. 강진의 정자에 제철 산물로 이루어진 상을 가득 채운 강진한정식은 강진의 자부심이다. 특히 강진의 토하젓은 탐진강 상류의 맑은 계곡에 서식하는 민물새우를 천일염에 3개월 동안 숙성시켜 만든 자연식품으로 조선시대 궁중에 진상되었다. 강진지역에서 많이 나는 해조류인 구강태를 멸치젓에 담가 간장으로 간하여 김치를 담그거나 나물을 해먹는다. 대표적 종가로 널리 알려진 강진 해남윤씨 가문의 미나리김치가 유명한데, 아삭 아삭한 식감과 향긋한 냄새로 봄을 대표하는 미나리김치에 내림 젓갈인 동백하액젓을 쓰는 것이 특징이다. 또한 봄에 담가 여름에 먹는 풋마늘홍갓김치도 예부터 내려오는 내림 김치이다.

완도의 감태김치, 유자동치미

　장보고의 본거지인 청해진, 윤선도의 발자취가 묻어 있는 보길도가 있는 완도군은 265개의 섬과 청정한 바다를 지녔다. 청정해역에서 자란 완도의 전복은 무기질 함량이 높고,

완도 감태김치

강진 미나리김치

완도 동치미

강진군, 완도군, 해남군의 김치이야기

광주여자대학교 식품영양학과 겸임교수 **김 세 정**

비타민이 풍부하며 저지방 고단백 식품으로 품질이 우수하며 전국 생산량의 70%를 차지하고 있다. 김, 미역, 다시마, 톳 등 각종 수산물이 풍부하여 톳무침, 감태김치, 전복물회 등의 음식이 별미이다. 완도의 유자는 해풍과 강한 햇볕을 맞고 자라 과피가 두껍고 향이 진하다. 과피에 비타민 C가 다량 함유되어 있어 겨울철 감기예방과 피로회복, 숙취제거에 효과가 있다. 완도에서는 유자를 넣은 향기로운 동치미가 별미이며 비타민이 많은 비파를 우려내어 김치를 담그기도 한다. 완도에서는 칼슘과 철이 풍부한 굴을 많이 넣어 김치를 담가 먹는다. 향긋한 굴 향이 배어들어 입맛을 돋워주며 영양가가 높고, 빨리 시어지므로 짧은 기간 안에 먹는 것이 좋다.

해남의 배추김치, 갓김치

한반도의 최남단 땅 끝에 위치한 해남군은 해양성 기후로 온화하기 때문에 농업과 어업을 하기에는 천혜의 땅이며, 서남해안의 맑고 청정한 바다를 이용한 각종 수산양식업이 발달하였다. 특히 갯벌이 살아 있는 청정해역과 붉은 황토가 키워낸 친환경 농수산물로 건강먹거리가 많다. 특산물로는 무공해 김, 당도가 높은 황토고구마, 미니 밤호박, 세발나물, 겨울배추 등이 있다. 따뜻한 해양성 기후와 오염되지 않은 질 좋은 토양에서 자란 해남 겨울배추(노랑배추)는 흰 눈이 쌓인 겨울(12~2월)에도 얼지 않으며 싱싱한 배추의 맛이 그대로 남아 있어 김장이 끝난 후에도 김치를 담글 수 있다. 또한 해남의 배추는 겉잎은 짙은 초록색을 띠고 배추속은

선명한 노란색을 띠며 해풍을 맞고 자란 노랑배추는 단맛이 있는 것이 특징이다. 해남의 갓은 보랏빛이 나고 잎이 크며 향이 좋아 예부터 갓김치 재료로 유명하다. 붉은색 국물이 우러난 갓김치로 밥을 싸먹으면 얼큰하면서 감칠맛이 난다. 갓김치 특유의 코끝이 찡하고 알싸한 맛이 느껴지며 쌉싸름한 맛이 입속에 퍼진다.

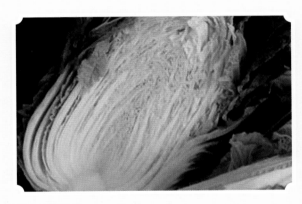

해남 노랑배추

해남 갓김치

김 세 정 광주여자대학교 식품영양학과 겸임교수

–논문 : 패밀리레스토랑의 종업원의 직무불안정이 직무태도 및 이직의도
 에 미치는 영향(관광학석사학위), 모싯잎가루를 첨가한 찰보리찐빵의 항
 산화활성 및 품질특성

–저서 : 외식산업의 이해

–연구 : 장흥 향토산업 연구 및 제품개발, 광주 무등산 보리밥 컨설팅 및
 마케팅 사업, 영광 찰보리찐빵 및 찰보리시럽 개발, 진도아열대채소 저
 장성 평가 및 요리법 개발

–수상
 • 2005 제1회 러시아컬리너리컵 국제요리경연대회 금상
 • 2006 한국국제요리경연대회 통과의례 농림부장관상
 • 2006 대한민국 향토식문화대전 금상
 • 2008 보성군 녹차를 활용한 음식 공모전 대상
 • 2014 한국국제요리경연대회 김치류 국회의장상
 • 2015 한국국제요리경연대회 향토음식 문화체육관광부장관상

김치는 추억이다

처음으로 오랜 시간 고국을 떠나 호주에서 어학연수 하던 시절, 고향의 향수에 젖어들 즈음 가장 그리운 것은 알싸하고 감칠맛 나는 김치였으며, 그 생각만으로도 입에 침이 고이곤 했다. 어머니가 담가주신 빨갛고 먹음직스러운 김치를 떠올리는 것은 그리움 그 이상의 의미가 담긴 음식이었다. 어릴 적, 김장철이 되기 몇 달 전부터 할머니와 어머니는 색이 좋은 고추를 널고 닦아 방앗간에 빻아 고춧가루를 준비하고 마늘과 생강, 여러 가지 숙성된 젓갈, 속이 꽉 찬 배추, 천일염 등을 준비하시느라 분주하게 움직이셨다. 김장 날은 배추 150포기로 김치를 담갔는데, 내 키높이만 한 큰 대야에서 배추들이 절여지는 과정이 어린 내 눈에는 신기하기만 했다. 어머니가 풀 쑤는 모습을 보며 왜 김치에 풀을 넣는지 이해할 수 없었지만, 풀을 쑤어 넣으면 유산균의 먹이가 되어 김치가 감칠맛이 나고 다른 양념과 잘 어우러지게 하는 역할을 한다는 김치의 과학을 이제는 알게 되었다.

우리집 김치는 청각을 많이 넣었는데 어릴 적에는 색이 검고 모양이 이상해서 김치에서 골라내고 먹으면, 할머니는 청각이 바다의 향과 개운한 김치맛을 낸다고 말씀하셨던 기억이 난다. 김장 날은 잔칫날과 같았는데 배추에 양념을 바르는 어머니의 옆에 쪼그리고 앉아 있으면 막 담근 김치를 손으로 쭉 찢어 입에 넣어주시곤 했다. 그 매콤하고 달큰한 맛이 입안 가득 맴돌며 밥 생각이 간절해져 김장이 얼른 끝나기만을 기다렸다. 김장이 끝나갈 무렵 아버지가 두부와 수육을 사와 큰 솥에 수육을 삶고, 막 담근 김치와 흰 쌀밥, 두부, 막걸리를 드시는 모습은 지금도 정겨운 풍경으로 기억에 남아 있다. 그날 담근 김장김치를 이웃과 친척들에게 나눠주는 김장품앗이를 하며 정을 나누었다. 눈 내리는 겨울밤 온가족이 둘러앉아 고구마를 먹을 때나 라면을 끓여 먹을 때도 언제나 김치는 함께였다. 침이 고일 만큼 시원하고 아삭한 김치는 반찬 걱정 없이 겨울을 보낼 수 있는 든든한 존재이자 가족의 사랑이 담긴 추억이다.

김치를 배우다

김치는 지역에 따라서도 차이가 있지만, 가장 큰 차이는 집안마다 담그는 방법과 양념의 배합 비율, 정성과 손맛에 있다고 생각한다. 어머니는 음식에 대한 자부심과 남다른 철학이 있었는데, 그것은 아마도 15년간 식당을 운영해온 경험과 노하우에서 나온 것이 아닌가 짐작해 본다. 전라도 식당이 그러하듯 푸짐한 밥상에 올라오는 김치의 종류만 해도 한 상에 4가지가 넘었다. 제철마다 다양한 식재료로 김치와 장아찌를 담그는 모습에서 나는 어깨 너머로 요리를 배울 수 있었고, 대학교와 대학원에서 식품영양과 외식분야를 전공했다. 특히 외식 전공을 살려 메뉴개발과 컨설팅에 관한 연구에 참여하게 되어 제품을 개발하고 연구하는 경험을 쌓았다. 그중에서 광주 무등산 보리밥의 홍보를 위한 마케팅 전략으로 김치축제와 충장축제 등에서 열무김치 보리컵밥의 시식체험과 퍼포먼스로 보리밥을 광주의 향토음식으로 활성화할 수 있었다. 또한 영광군의 모싯잎가루를 첨가한 찰보리찐빵의 제조배합비와 관능적 특성의 연구로 전반적인 기호도와 기능성 식품인 찰보리의 효율성과 품질특성을 알 수 있었다. 꾸준히 연구하는 과정에서 발효음식에 관심이 많았는데 그중에서도 김치에 관한 분야는 신비롭고 탐구심이 생기는 매력적인 분야였다. 배추를 절이는 과정, 양념의 종류와 배합, 보관방법과 발효과정, 이 모든 것이 조화를 이루어야 맛있는 김치로 탄생되기 때문에 그

어느 과정도 소홀히 해서는 안 된다. 김지현 교수님, 선생님들과 김치를 여러 번 담그고 연구하는 과정에서 레시피를 수정하고 보완해 나가며 더 많은 공부가 되었다. 계절에 따라 식재료도 달라지지만 기온에 따른 양념의 배합비와 숙성 기간이 달라지기 때문에 계절별로 김치의 레시피가 달라진다. 봄에는 햇배추, 미나리, 돌나물 등으로 김치를 담가 식욕을 돋우고 향긋한 봄을 느낄 수 있으며, 여름에는 열무나 오이로 김치를 담가 더위에 지친 몸을 시원하게 해준다. 가을에는 갓, 고들빼기로 김치를 담그고, 겨울에는 김장김치, 동치미 등으로 추운 겨울을 날 수 있다. 앞으로 박사과정을 공부하며 고문헌에 나온 옛 김치에 대해 조사하고, 건강기능성 김치 연구개발, 김치의 표준 레시피 확립, 또한 세계 5대 건강식품으로서 세계화 브랜드를 창출할 수 있는 다양한 명품김치 마케팅 전략에 대한 연구도 병행해 나가고 싶다.

영광 모시찰보리찐빵

광주 무등산 보리밥(컵밥, 도시락)

남도 봄 김치

남도 봄김치 재료이야기

따사로운 봄볕을 따라 겨우내 땅속에 웅크리고 있던 냉이, 달래, 돌나물, 두릅, 머위, 미나리, 유채, 죽순, 참나물, 봄동, 풋마늘, 마늘종 등으로 산천에 초록의 움이 트는 이른 봄에 상큼하게 봄김치를 담가 먹는다.

김장김치가 물러지고 새로 담근 김치를 맛보고 싶을 때, 겨우내 항아리 속에 보관했던 배추와 묻어두었던 무를 파내어 보면, 배추포기 속에서는 움이 트고 무는 개나리 같기도 한 노르스름한 싹이 올라오는데 이때 봄나물을 섞어 새 김치를 담근다. 예쁜 사위에게만 준다고 할 만큼 겨울을 늠름히 버텨낸 영양가 높은 부추(솔, 정구지)로 담근 귀한 부추김치도 있다.

봄배추

봄배추는 전라남도 해남군에서 생산되는 월동배추(노랑배추)가 좋은데, 겨울에도 기온이 영하로 떨어지는 일이 적어 1월 즈음까지도 배추가 생산된다. 월동배추는 가을에 수확하여 저온보관해 두었다가 4월 초까지 판매하며, 고랭지배추는 5월 중순부터 출하된다.

얼갈이배추

봄에는 얼갈이배추, 중갈이배추로 배추김치를 담근다. 얼갈이배추는 속이 꽉 차지 않고 잎이 성글게 붙어 있으며, 배추의 뿌리부분이 싱싱하고 줄기의 흰 부분을 눌러보아 탄력 있는 것을 고른다.

봄무

봄에는 제주무가 출하되는데, 무청부분이 길고 겉이 매끈하고 잔뿌리가 없는 1kg 이상 무게가 나가는 것이 수분이 많고 맛이 좋다.

돌산갓

전라남도 여수시 돌산지역에서 생산되는 갓으로, 잎이 초록색이며 갓 특유의 톡 쏘는 매운맛과 향을 가지고 있고, 섬유질이 적으며 잎과 줄기에 잔털이 없다. 25~30㎝ 길이가 김치를 담그기에 적합하며, 어린 갓은 쌈채소로도 사용한다.

홍갓 (적색갓, 조선갓)

적색갓 또는 조선갓이라고 불리는 토종갓을 말한다. 갓물김치를 담그기에 적합한 동이 선 갓은 3월 하순부터 4월 중순까지가 제철이며, 줄기가 부드럽고 꽃봉오리를 함께 넣어 갓물김치를 담그면 분홍색의 국물색깔과 독특한 향이 좋다.

곰보배추

잎의 생김새가 올록볼록하게 생겨 곰보배추라고 불리며, 포기가 크고 곰보가 뚜렷한 것이 좋고, 쓴맛이 강하다.

냉이

2월 중순에 캐낸 냉이는 뿌리길이가 음식에 사용하기에 적합하고, 부드러워 김치를 담그기에 좋다. 3월 중순 이후 잎이 푸르러지면 질겨지므로 데쳐서 나물이나 죽을 만들고, 데친 다음 절반쯤 말려 장아찌를 담근다. 전라도 사투리로 '나승개'라고 하며 정월 대보름이 되기 전에 냉이를 3번 먹으면 일 년 건강을 유지한다고 한다.

달래

뿌리가 동그랗고 통통하며, 푸른 잎이 길지 않은 것이 좋다. 3월에는 억세지 않고 연하므로 달래간장, 새콤하게 무친 겉절이, 된장국, 부침용으로 좋고, 뿌리가 굵은 것은 김치와 장아찌를 담그면 좋다.

당귀순

2~3년 재배한 당귀에서 자라난 순을 말하며, 4월 초순부터 순이 나오고 길이 10㎝ 정도가 가장 부드럽고 향이 좋다. 잎과 줄기가 억세지면, 잎은 나물, 녹즙을 만들고, 뿌리까지 캐낸 순은 김치용으로 쓰고, 뿌리는 말려서 약재나 차로 쓴다.

돌나물

줄기가 짧고 잎이 통통하며, 진한 녹색의 것이 좋다. 새순은 물김치, 초무침, 샐러드 만들기에 적합하며, 소금물에 으깨지지 않게 살살 씻어야 풋내가 나지 않는다.

두릅

나무줄기에 난 새순으로 4월 초순부터 하순까지 채집된다. 외피가 벌어지기 전 10㎝ 미만의 것이 가장 좋고, 잎이 핀 것은 김치, 나물을 만드는 데 이용하며 데쳐서 냉동보관이 가능하다. 밭두릅(재배두릅)은 6월 초순까지 생산되며 나물, 김치용으로 적합하다.

마늘종

마늘의 꽃대가 완전히 자란 마늘의 꽃줄기로 6월에 생산된 것이 좋고, 진한 녹색을 띠며 줄기가 곧고 탄력이 있는 것이 좋다. 마늘 특유의 매운맛을 지니고 있지만 냄새가 진하지 않아 김치, 간장장아찌, 고추장장아찌를 담그기에 좋다.

머위

3월 초순경부터 꽃이 먼저 나오고 꽃이 진 후 잎이 나오고 그 다음 줄기가 점점 굵어진다. 머위잎은 약간 쓴맛이 있으면서도 특유의 향을 가지고 있고, 어린잎으로 나물, 김치를 담그며, 꽃을 살짝 구워서 된장에 찍어 먹기도 한다. 줄기가 굵어지면 잎은 먹지 못하고 줄기로 들깨나물, 장아찌를 만든다.

미나리

봄미나리는 줄기가 길고 녹색이 선명하며, 향긋한 향이 있어 널리 이용된다. 줄기가 굵지 않으며 잎 길이가 비슷한 것이 좋다. 봄미나리는 잎을 떼어내고 사용하며, 가을 미나리는 잎까지 사용한다. 하우스에서 재배한 미나리는 4번, 봄철에 노지에서 생산되는 것은 1~2번 베어낸다. 미나리는 이소람네틴, 페르사카린이 주성분이며, 강장작용이 뛰어나고 이뇨제 역할을 하며 고혈압과 유행성이하선염 예방에 도움을 준다.

민들레

봄민들레는 연하고 향이 좋다. 중심부에 있는 부드러운 잎은 나물, 샐러드, 김치용으로 좋고, 꽃은 살짝 데쳐 튀김으로, 전체는 장아찌로 담가도 좋다. 뿌리는 말린 다음 볶아서 차로 쓰면 향이 아주 좋다.

봄동

2월부터 3월까지 생산되며, 옆으로 퍼진 잎이 크지 않고 노란색을 띠는 것이 고소하고 단맛이 있다.

유채

3월 초순부터 꽃이 피기 시작하며 수확기간이 짧다. 잎의 앞면은 녹색, 뒷면은 회백색으로 줄기가 단단하고 길이가 길지 않은 것이 좋다. 어릴 때는 나물로 쓰고, 꽃은 튀김으로, 열매는 기름을 짜 식용유로 사용한다.

죽순

대나무의 땅속줄기에서 돋아나는 어린 싹으로, 15㎝ 길이로 몸통이 통통하고 안쪽의 결이 일정한 것이 좋다. 죽순은 삶아 석회질을 씻어 냉동보관하였다가 해동시켜 사용할 수 있고, 말려서 사용하면 쫄깃거린다.

참가죽잎

붉은빛이 도는 어린잎을 식용으로 사용하고 4월 초순부터 중순까지 채취한다. 연하고 향이 좋아 데쳐서 김치, 나물, 찜용으로 사용하고, 데친 다음 말려서 부각, 장아찌로 쓴다.

참나물

특유의 향을 가지고 있는 산채나물로, 잎이 부드럽고 맛이 좋다. 짙은 초록색으로 싱싱하며 벌레 먹거나 시들지 않은 것이 좋다.

실파, 가랑파

대파 모종을 하기 위해 파씨를 파종해서 모종용으로 길러 줄기부터 뿌리까지 가느다란 어린 대파를 실파 또는 가랑파라고 부르며, 색은 연하며 뿌리가 길게 뻗어 있다. 미끄럽지 않고 단맛이 있어 김치, 김무침, 파숙지, 맑은국에 뿌리는 양념으로 사용한다.

풋마늘

덜 여문 마늘의 어린잎줄기를 가리킨다. 뿌리, 줄기, 잎이 약간 두꺼우며 둥근 것이 좋고, 굵고 통통하여 너무 두꺼우면 심이 들어 있어 질기다. 김치나 장아찌를 담그면 별미이고, 데쳐서 나물이나 볶음에 사용한다. 소금물에 간해서 저장해 두면 일년 내내 사용할 수 있다.

배추김치(봄)

재료 및 분량

주재료

주재료
월동배추
11 kg(3포기,
절인 배추 8 kg)

절임

천일염
540 g(3컵)

물
3L(15컵)

양념소

무채
400 g

쪽파
100 g

미나리
100 g

김치양념

고춧가루
400 g(4컵)

마른 고추
100 g

육수
600 mL(3컵)

양파
300 g(2개)

마늘
200 g

생강
30 g

멸치젓
120 g(½컵)

새우젓
120 g(½컵)

갈치젓
60 g(3큰술)

찹쌀죽
400 g(2컵)

배
300 g(1개)

- 절인 배추(1 kg)에 들어가는 양념의 양(300 g)은
  8 : 2 비율로 담근다.
- 체험용은 7.5 : 2.5 비율로 담근다.

담그는 법

**주재료
손질**

1 속이 꽉 차고 저장고에서 수분이 빠진 배추를 골라 2절로 절단하여,

절임

2 소금물에 배추를 30분간 담갔다가 배추 사이에 속소금을 뿌리고, 배추가 충분히 잠기도록 염수를 부어 10시간 동안 절여 헹군 다음 4시간 동안 물기를 뺀다.

**양념소
손질**

3 쪽파, 미나리는 3 ㎝ 길이로 썬다.

**양념
만들기**

4 마른 고추를 잘게 잘라 물에 씻고 물에 10분간 담근 후 갈아서 고춧가루, 찹쌀죽, 부재료 등 모든 양념이 잘 어우러지도록 섞어 2시간 동안 숙성시킨다.

**버무
리기**

5 절인 배추잎 줄기부분에 김치소를 넣고 잎부분에 남은 양념을 펴바른다. 보관 용기에 담아 상온에서 12시간 동안 숙성시킨 다음 냉장보관한다.

더 맛있게 담그기

- 절임 1단계에서 사용하는 소금물 만드는 법 : 천일염 1컵을 물 2L에 풀어 염수를 만든다. 결구도가 높은 배추는 속소금을 넣을 때 잘 벌어지지 않으므로 먼저 소금물에 담가 켜를 부드럽게 해야 줄기부분까지 잘 벌어진다.
- 김치의 육수 : 황태머리, 디포리, 무, 양파, 다시마, 대파를 넣어 육수를 만들며 김치양념과 풀을 쑬 때 사용한다.
- 찹쌀죽은 불린 찹쌀에 밥물보다 많은 양의 물을 붓고 끓이는 죽과 같은 진밥을 말한다.

꽃이 피는 봄에 생김치를 담글 때

월동배추로 담그는 배추김치

얼갈이배추김치

재료 및 분량

주재료
얼갈이배추
2 kg

절임
천일염
180 g(1컵)

부재료

쪽파
100 g

청고추
10 g(1개)

홍고추
20 g(2개)

김치양념

고춧가루
80 g(⅔컵)

양파
50 g(⅓개)

마늘
30 g

생강
5 g

멸치젓
20 g(1큰술)

새우젓
20 g(1큰술)

찹쌀죽
100 g(½컵)

사과
120 g(½개)

담그는 법

주재료 손질
1 얼갈이배추는 반으로 끊어 씻고,

절임
2 소금 ½컵을 물에 녹여 얼갈이배추에 적시고, ½컵의 소금을 웃소금으로 뿌려 30분 동안 절인 다음, 씻어 물기를 뺀다.

부재료 손질
3 쪽파는 3 ㎝ 길이로 썰고, 홍고추는 어슷썬다.

양념 만들기
4 마른 고추를 씻어 불린 다음 잘라서 양파, 마늘, 생강, 새우젓, 찹쌀죽, 사과를 갈아 2시간 동안 숙성시킨 다음,

버무리기
5 얼갈이배추에 부재료를 섞어 양념을 퍼바른다.

더 맛있게 담그기

- 얼갈이배추는 줄기의 흰 부분에만 소금을 뿌려 간한다.
- 채소가 귀한 봄철에 생으로 무쳐서 겉절이를 하거나 데쳐서 나물이나 시래기로 사용한다.
- 얼갈이배추는 비타민 C가 풍부하다.

연한 얼갈이배추를 홍고추 양념으로 가볍게 버무려

국물이 자작한 얼갈이배추김치

남도봄김치

봄동김치

재료 및 분량

주재료

봄동
2 kg

무
500 g

절임

구운 소금
20 g(2큰술)

부재료

홍고추
30 g(2개)

쪽파
50 g

김치양념

고춧가루
100 g(1컵)

마늘
30 g

생강
10 g

새우젓
120 g(½컵)

찹쌀죽
70 g(⅓컵)

담그는 법

**주재료
손질**

1 봄동은 한 잎씩 떼어 씻고, 무는 0.5×3×3 ㎝로 썰어,

절임

2 봄동과 무에 구운 소금을 뿌려 절인 다음 헹구지 않고 건져낸다.

**부재료
손질**

3 쪽파는 3 ㎝ 길이로 썰고, 홍고추는 어슷썰며,

**양념
만들기**

4 마늘, 생강, 새우젓, 찹쌀죽을 갈아 고춧가루를 섞어 2시간 동안 숙성시킨 다음,

**버무
리기**

5 봄동에 쪽파와 홍고추를 섞어 양념을 버무려 겉절이식으로 먹는다.

더 맛있게 담그기

● 봄동김치에 넣는 무는 연필깎 듯이 잘라 넣기도 한다.

초봄 언 땅을 뚫고 나와 봄기운을 담고 있는

씹을수록 달고 고소한 봄동김치

남도봄김치

깍두기(봄)

재료 및 분량

주재료

무
1 kg(1개)

절임

천일염
30 g(3큰술)

양념소

쪽파
100 g

김치양념

고춧가루 30 g
(3큰술)

마늘 30 g

생강 5 g

멸치액젓
또는 새우젓
20 g(1큰술)

찹쌀풀
50 g(¼ 컵)

담그는 법

주재료 손질 1 무의 두꺼운 껍질이나 옹이를 파내고 사방 3 ㎝ 크기로 깍둑썰기하여,

절임 2 소금을 뿌려 30분간 절여 두었다가 헹군 다음 체에 밭쳐 물기를 뺀다.

양념소 손질 3 쪽파는 3 ㎝ 길이로 썬다.

양념 만들기 4 멸치액젓 또는 새우젓국물에 고춧가루를 혼합하고 마늘, 생강을 갈아 섞은 다음 2시간 동안 숙성시킨다.

버무 리기 5 무, 쪽파에 양념을 넣어 버무린다.

더 맛있게 담그기

- 봄철 무는 수분이 적고 단단하며 단맛이 적으므로 천일염에 절였다가 헹군 다음 물기를 빼고 찹쌀풀을 넣은 양념으로 버무린다.

남도봄김치

돌산갓김치

돌산갓은 봄동 갓(봄), 김치 갓(여름), 김장 갓(겨울)으로 나뉘며 대부분 봄동 갓으로 돌산갓김치를 담근다.

재료 및 분량

주재료

돌산갓(봄동 갓)
2 kg

절임

천일염
180 g(1컵)

양념소

쪽파
100 g

김치양념

고춧가루
150 g(1½컵)

마늘
50 g

생강
20 g

갈치젓
60 g(3큰술)

멸치젓 40 g
(2큰술)

새우젓
20 g(1큰술)

찹쌀풀 100 g
(½컵)

사과
250 g(1개)

담그는 법

주재료 손질 1 30 ㎝ 길이의 돌산갓을 골라 씻고,

절임 2 물 2L에 소금 50 g을 풀어 돌산갓을 적시고, 나머지 소금을 줄기부분에 뿌려 2시간 동안 절인다.

양념소 손질 3 쪽파는 3 ㎝ 길이로 썰고,

양념 만들기 4 고춧가루를 찹쌀풀에 불려 놓고, 양념을 갈아 섞은 다음 2시간 동안 숙성시킨다.

버무리기 5 돌산갓 줄기에 양념을 먼저 바르고 잎부분은 펼쳐 남은 양념을 발라 갓 3가닥에 쪽파 2줄기를 섞어 똬리를 틀어 용기에 담는다.

더 맛있게 담그기

- 돌산갓은 연녹색으로 잎면에 약간의 주름이 있고 홍갓, 청갓에 비해 잎줄기가 넓고 두꺼우며 톡 쏘는 매운맛이 있고 섬유질이 적다.
- 젓갈을 많이 넣는 김치는 고춧가루보다 마른 고추를 갈아서 만드는 고추다대기가 더 잘 어울린다.
- 돌산갓은 줄기가 연하고, 길이가 짧은 것이 맛이 있다.
- 용기에 담을 때 꺼내 먹기에 적당한 양으로 똬리를 틀어 넣어야 줄기와 잎에 간이 고루 배어든다.

여수 돌산에서 해풍을 맞고 자란 연녹색 갓에

곰삭은 갈치젓과 멸치젓을 넣은

여수향토음식

남도봄김치

58 59

홍갓물김치

주재료

홍갓(동이 선 것)
2 kg

무 1 kg

절임

천일염 180 g
(1컵)

양념소

쪽파
200 g

김치양념

| 청양홍고추 100 g(7개) | 마늘 50 g | 생강 20 g | 멥쌀풀 100 g(½컵) |

구운 소금
20 g(2큰술)

배
300 g(1개)

물
400 mL(2컵)

담그는 법

주재료 손질

1 홍갓을 5 ㎝ 길이로 잘라 씻고 무를 씻어 2×4× 0.3 ㎝로 썬다.

절임

2 홍갓에 소금을 뿌려 3시간 동안 절인 다음, 씻어 물기를 빼고 무는 구운 소금을 뿌려 1시간 동안 절여 물기를 뺀다.

양념소 손질

3 쪽파는 2.5 ㎝ 길이로 썬다.

양념 만들기

4 양념을 갈아 체에 거른 다음 쪽파를 넣고,

버무 리기

5 홍갓과 무에 양념을 붓고 버무린 다음 하루 지난 후 김치무게 1.5배의 40℃ 물을 부어두었다가 국물과 무가 보라색으로 변하면 먹는다.

더 맛있게 담그기

- 홍갓은 동이 서도 질기지 않으므로 물김치 담그기에 적합하다.
- 물김치는 담근 뒤 하룻밤 지난 후에 미지근한 물을 부어주면 국물색이 곱고 향이 좋다.

봄에 동이 선 홍갓으로 담근
보라색 국물과 향이 좋은 물김치

남도봄김치

곰보배추김치

주재료

곰보배추
1 kg

양념소

쪽파
50 g

밤
8개

김치양념

홍고추
100 g(7개)

양파
75 g(½개)

마늘
30 g

생강
10 g

새우젓
40 g(2큰술)

녹두죽
⅓컵

사과
250 g(1개)

담그는 법

주재료 손질	1 곰보배추를 뿌리까지 다듬고 씻어 물기를 뺀다.
절임	없음
양념소 손질	2 쪽파는 2 ㎝ 길이로 썰고, 밤은 얄팍하게 편으로 썬다.
양념 만들기	3 양념을 갈아 3시간 동안 숙성시킨 다음,
버무리기	4 곰보배추에 양념을 붓고 가볍게 버무린다.

더 맛있게 담그기

• 곰보배추는 기관지에 좋은 봄채소로 쓴맛이 강하지만 밤, 과일을 섞어 담그면 쓴맛이 감소된다.
• 곰보배추는 쓴맛이 강하므로 녹두죽을 첨가한다.
• 곰보배추는 재료가 여려서 절이지 않고 바로 양념에 버무린다.

곰보배추물김치

주재료

곰보배추
1 kg

절임

구운 소금
20 g(2큰술)

양념소

쪽파
50 g

밤
8개

물양념

청양고추
50 g(5개)

홍고추
50 g(4개)

양파
150 g(1개)

마늘
30 g

생강
10 g

녹두죽
⅓컵

배
300 g(1개)

물
1 L(5컵)

구운 소금
10 g(1큰술)

담그는 법

주재료 손질	1 곰보배추는 뿌리까지 다듬고 씻어 물기를 뺀 다음,
절임	2 구운 소금을 뿌려 10분간 절인다.
양념소 손질	3 쪽파는 2 ㎝ 길이로 썰고, 밤은 얄팍하게 편으로 썬다.
양념 만들기	4 양념을 갈아 고운체에 걸러 재료와 동량의 물을 부어 소금으로 간을 한다.
버무리기	5 곰보배추에 쪽파와 밤을 넣은 뒤 양념을 붓고, 하루 동안 실온에 보관한 다음 냉장보관한다.

더 맛있게 담그기

• 노지에서 재배된 채소는 쓴맛이 강하므로 과일과 녹두죽을 첨가해서 물김치를 담가 먹으면 쓴맛이 감소된다.
• 물김치에서 사과의 신맛이 나므로 시원한 맛을 내는 배를 넣는 것이 적합하다.

곰보배추 뿌리의 쌉싸름한 맛이 입맛을 돋게 하며

기관지에 좋은 기능성 김치

남도봄김치

냉이김치

재료 및 분량

주재료
냉이
1 kg

절임
멸치액젓
50 mL(¼컵)

양념소
달래
50 g

쪽파
50 g

물양념
마른 고추
20 g

홍고추
150 g(10개)

양파
150 g(1개)

마늘
30 g

생강
10 g

새우젓
40 g(2큰술)

녹두찹쌀풀
⅓컵

사과
250 g(1개)

담그는 법

주재료 손질
1 냉이는 뿌리가 굵지 않은 것으로 다듬어 씻은 뒤 물기를 빼며,

절임
2 액젓으로 가볍게 버무려 절인다.

양념소 손질
3 달래, 쪽파는 3 ㎝ 길이로 썰고

양념 만들기
4 양념을 갈아 3시간 동안 숙성시킨 다음,

버무리기
5 냉이에 달래, 쪽파를 넣고 양념으로 가볍게 버무린다.

더 맛있게 담그기
- 냉이는 봄철 냉이보다 겨울철 냉이가 더 부드러우며, 봄에 느낄 수 있는 쌉싸름한 쓴맛은 사과, 양파를 넣으면 감소된다.
- 녹두찹쌀풀 : 녹두 1컵에 물 6컵을 붓고 삶아 걸러낸 다음 찹쌀가루 2큰술을 넣고 풀을 쑨다.

냉이물김치

재료 및 분량

주재료
냉이
1 kg

절임
구운 소금
20 g
(2큰술)

양념소
달래
100 g

쪽파
30 g

무
200 g

물양념
청양고추
100 g(10개)

양파
150 g
(1개)

마늘
30 g

생강
10 g

녹두죽
½컵

사과
250 g(1개)

물
1 L (5컵)

구운 소금
10 g(1큰술)

담그는 법

주재료 손질
1 냉이는 뿌리가 굵지 않은 것으로 골라 씻어 물기를 빼고,

절임
2 구운 소금으로 가볍게 절인다.

양념소 손질
3 달래, 쪽파는 2 ㎝ 길이로 썰고, 무는 2×4×0.3 ㎝로 썰어 소금에 절여 물기를 뺀다.

양념 만들기
4 양념을 갈아 고운체에 거른 다음,

버무리기
5 냉이, 달래, 쪽파, 무에 양념을 넣어 버무린 다음, 재료와 동량의 물에 소금으로 간을 하여 붓는다.

더 맛있게 담그기
- 냉이는 뿌리가 크지 않은 것이 김치용으로 좋고, 뿌리가 굵은 것은 나물이나 된장국에 좋다.
- 봄채소는 쓴맛이 강하므로 녹두죽을 넣으면 김치의 맛이 부드러워진다.

남도봄김치

달래김치

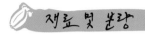 재료 몇 분량

주재료

달래
1 kg

양념소

홍고추
15 g(1개)

김치양념

고춧가루
20 g(2큰술)

육수
30 mL

멸치액젓
30 mL(2큰술)

찹쌀풀
20 g(1큰술)

담그는 법

| 주재료 손질 | 1 달래는 시든 잎과 뿌리 쪽에 흙이 남아 있지 않도록 세심하게 씻어 물기를 뺀다. |

절임 | 없음

양념소 손질 | 2 홍고추를 3 ㎝ 길이로 채썬다.

양념 만들기 | 3 분량의 재료를 섞어 양념을 만들어 2시간 동안 숙성시킨다.

버무 리기 | 4 달래에 양념을 살살 버무려 먹을 양만큼씩 똬리를 틀어 그릇에 담는다.

더 맛있게 담그기

● 달래는 마늘과 비슷한 향이 나므로 '들판에서 나는 마늘'이란 뜻의 '야산'이라고도 한다.

멸치액젓과 찹쌀풀을 넣은 양념으로 살살 버무린

봄철 입맛을 돋우는 달래김치

당귀순김치

재료 및 분량

주재료

당귀순
1 kg

절임

구운 소금
30 g(3큰술)

양념소

미나리
50 g

쪽파
50 g

김치양념

마른 고추
20 g

홍고추
100 g(7개)

양파
150 g(1개)

마늘
30 g

생강
10 g

새우젓
60 g(3큰술)

대추고
⅓컵

담그는 법

주재료 손질	1 당귀뿌리부분을 잘라내고 당귀순만 씻어,
절임	2 구운 소금을 뿌려 4시간 동안 절여 헹구지 않고 물기를 뺀다.
양념소 손질	3 쪽파, 미나리는 3 ㎝ 길이로 썬다.
양념 만들기	4 양념을 갈아 3시간 동안 숙성시킨 다음,
버무 리기	5 당귀순, 쪽파, 미나리에 양념을 넣고 버무린다.

더 맛있게 담그기

• 당귀순은 당귀뿌리에서 순이 10㎝ 정도 자랐을 때가 매우 부드럽고 향이 좋으며, 봄철에 만들어 먹을 수 있는 별미김치이다.

당귀순물김치

재료 및 분량

주재료

당귀순
1 kg

당귀뿌리
200 g

절임

구운 소금
30 g(3큰술)

양념소

미나리
50 g

쪽파
30 g

배
300 g(1개)

물양념

청양고추
50 g(5개)

양파
150 g(1개)

마늘
30 g

생강
10 g

멥쌀풀
70 g(⅓컵)

고추청
240 g(1컵)

물
1 L(5컵)

구운 소금
10 g(1큰술)

담그는 법

주재료 손질	1 당귀뿌리부분을 잘라내고 당귀순만 씻는다.
절임	2 뿌리는 다듬은 다음 필러로 얇게 밀고, 당귀순과 함께 구운 소금을 뿌려 3시간 동안 절여 물기를 뺀다.
양념소 손질	3 미나리, 쪽파는 2㎝ 길이로 썰고, 배는 2×4×0.3 ㎝로 썬다.
양념 만들기	4 양념에 재료와 동량의 물을 넣고 갈아 고운 체로 거르고, 고추청, 소금 간을 한다.
버무 리기	5 재료에 국물을 붓고 익혀 먹는다.

더 맛있게 담그기

• 당귀순물김치에 당귀뿌리를 넣으면 향이 더욱 좋아진다.
• 고추청은 고추와 설탕을 6 : 4로 절여 3개월 후에 걸러 1년간 숙성시켜 물김치에 넣으면 알싸하고 매운맛을 낸다.

봄에 새순이 나오기 시작하여 김치 담그기에 좋은

은은한 향이 나는 당귀순김치

남도봄김치

돌나물물김치

재료 및 분량

주재료

돌나물
500 g

양념소

쪽파
50 g

물양념

청양고추
10 g(1개)

홍고추
20 g(2개)

양파
50 g(⅓개)

마늘
20 g

생강
10 g

좁쌀죽
50 g(¼컵)

물
800 mL(4컵)

구운 소금
10 g(1큰술)

담그는 법

주재료 손질

1 돌나물은 깨끗이 씻어 물기를 뺀다.

절임 없음

양념소 손질

2 쪽파는 3 ㎝ 길이로 썬다.

양념 만들기

3 청양고추, 홍고추, 양파, 마늘, 생강, 좁쌀죽을 갈아 고운체에 거른 다음 2시간 동안 숙성시켜 1.5배의 물을 부어 소금으로 간을 맞춘다.

버무리기

4 돌나물에 쪽파를 섞어 물김치 양념을 부어 고루 섞는다.

더 맛있게 담그기

- 돌나물은 오래 두면 물러지므로, 담근 후 바로 먹는다.
- 물김치는 찰기가 적은 곡류인 좁쌀로 죽을 쑤어 넣는다.

부드럽고 아삭거리며 좁쌀을 넣어 고소한 맛이 나는 돌나물김치

두릅김치

재료 및 분량

주재료

두릅 1 kg

절임

멸치액젓
70 mL(⅓컵)

양념소

쪽파
50 g

김치양념

| 마른 고추 | 홍고추 | 양파 | 마늘 |
| 20 g | 100 g(7개) | 70 g(½개) | 30 g |

| 생강 | 새우젓 | 찹쌀풀 |
| 10 g | 40 g(2큰술) | 70 g(⅓컵) |

사과
250 g(1개)

담그는 법

**주재료
손질**

1 두릅은 가볍게 씻어 끓는 물에 소금 1큰술을 넣고 껍질째 데쳐 찬물에 헹구고 다듬어 물기를 빼며,

절임

2 액젓에 버무려 절인다.

**양념소
손질**

3 쪽파는 3㎝ 길이로 썬다.

**양념
만들기**

4 양념을 갈아 3시간 동안 숙성시킨 다음,

**버무
리기**

5 두릅에 쪽파를 넣고 양념으로 버무린다.

더 맛있게 담그기

• 두릅은 데치지 않으면 쓴맛이 강하고, 색이 검게 변하며 식감도 좋지 않기 때문에 데쳐서 사용한다.

아삭거리며 봄철 입맛을 돋우는

쌉싸름하면서도 향긋한 두릅김치

남도봄김치

두릅물김치

재료 및 분량

주재료

두릅 1 kg

절임

구운 소금
30 g(3큰술)

부재료

쪽파
50 g

미나리
10줄기

빨간 파프리카
1개

노란 파프리카
1개

배
300 g(1개)

물양념

청양고추
50 g(5개)

양파
150 g(1개)

마늘
30 g

생강
10 g

멥쌀풀
100 g(½컵)

물
1 ℓ(5컵)

구운 소금
10 g(1큰술)

담그는 법

주재료 손질
1 두릅은 가볍게 씻어 끓는 물에 소금 1큰술을 넣고 껍질째 데쳐 찬물에 헹구고 다듬어 물기를 빼며,

절임
2 소금에 살짝 절인다.

부재료 손질
3 쪽파, 미나리는 소금에 살짝 절이고, 파프리카와 배는 두릅 길이에 맞춰 채썬다.

양념 만들기
4 양념을 갈아 체에 걸러 동량의 물을 부은 다음 소금으로 간을 한다.

버무리기
5 두릅 사이에 쪽파를 넣고 돌려 묶어 용기에 가지런히 담고 양념을 붓는다.

더 맛있게 담그기

- 짧은 시일 안에 먹는 물김치는 양념을 붓고, 소금으로 간을 한 찬물을 붓는다.
- 물김치의 국물은 자작하게 붓는 것이 좋다.

남도봄김치

마늘종김치

재료 및 분량

주재료

마늘종 2 kg

절임

천일염
90 g(½컵)

김치양념

| 고춧가루 | 생강 10 | 멸치액젓 |
| 150 g(1½컵) | g | 50 mL(¼컵) |

찹쌀풀   설탕
100 g(½컵)   4 g(1작은술)

담그는 법

주재료
손질
1 마늘종은 부드러운 것을 골라 볼록 나온 윗부분
은 잘라내고 씻어 물기를 뺀다.

절임
2 물 1L에 소금을 넣고 끓인 다음 뜨거울 때 부어
하루 동안 둔다. 마늘종이 노랗게 삭혀지면 건져
물기를 빼고 7 ㎝ 길이로 썬다.

부재료
손질
없음

양념
만들기
3 생강, 멸치액젓, 찹쌀풀을 갈아 고춧가루를 섞어
2시간 동안 숙성시킨다.

버무
리기
4 삭힌 마늘종에 김치양념을 버무린다.

더 맛있게 담그기

• 마늘종은 뜨거운 소금물로 삭혀서 김
치를 담가야 매운맛이 없고 부드럽다.
• 마늘종은 간장, 식초, 설탕을 끓여 부
어 마늘종장아찌를 만들어 고춧가루,
참기름에 무쳐 먹거나, 된장 속에 묻어
놓아 밑반찬으로 먹는다.

마늘종을 삭혀 담가 맛이 짭쪼름하며
여름철 입맛을 돋우는 마늘종김치

머위김치

주재료

머위 1 kg

부재료

풋마늘
100 g

과일말랭이
30 g

김치양념

마른 고추
20 g

홍고추
100 g(7개)

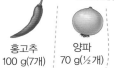
양파
70 g(½개)

마늘
30 g

생강
10 g

대추고
⅓컵

새우젓
60 g(3큰술)

담그는 법

주재료 손질	1 머위는 잎이 크지 않은 줄기와 꽃으로 골라 씻은 다음 물기를 뺀다.
절임	없음
부재료 손질	2 풋마늘은 줄기가 굵으면 절반으로 잘라 3 ㎝ 길이로 썬다.
양념 만들기	3 양념을 갈아 3시간 동안 숙성시킨 다음,
버무리기	4 머위, 풋마늘, 과일말랭이에 양념을 넣어 버무린다.

더 맛있게 담그기

● 이른 봄 꽃줄기가 먼저 나오고 꽃이 봉오리져 있어 꽃도 함께 먹을 수 있고 나물, 장아찌용으로도 좋고 자라면 줄기를 먹는다.
● 양념을 갈아 3시간 동안 두면 재료가 서로 어우러져 숙성된 맛을 느낄 수 있다.
● 머위는 쓴맛이 강하므로 대추고, 과일말랭이를 추가하는 것이 좋다.

머위물김치

주재료

머위 1 kg

절임

구운 소금
30 g(3큰술)

부재료
풋마늘
100 g

물양념

청양고추
100 g(10개)

홍고추
100 g(7개)

양파
70 g(½개)

마늘
30 g

생강
10 g

대추고
⅓컵

사과
250 g(1개)

물
1 L(5컵)

구운 소금
10 g(1큰술)

담그는 법

주재료 손질	1 머위는 잎이 크지 않은 줄기와 꽃으로 골라 씻은 다음 물기를 빼고,
절임	2 소금을 고루 뿌려 살짝 절인다.
부재료 손질	3 풋마늘은 줄기가 굵으면 절반으로 잘라 3 ㎝ 길이로 썬다.
양념 만들기	4 양념을 갈아 체에 거르고 동량의 물에 구운 소금을 풀어 혼합한다.
버무리기	5 머위, 풋마늘에 양념을 붓는다.

쓴맛이 나는 머위에 달콤한 대추와

과일말랭이를 넣어 만든

봄철 별미 머위물김치

남도봄김치

미나리김치

주재료

미나리
1 kg

절임

구운 소금
30 g(3큰술)

양념소

쪽파   홍고추
50 g   45 g(3개)

김치양념

고춧가루   마늘   생강   멸치액젓
40 g(4큰술) 20 g   5 g   30 mL(2큰술)

찹쌀풀
50 g(3큰술)

담그는 법

주재료
손질
1 미나리는 깨끗이 손질하고, 쪽파는 깨끗이 다듬어 흐르는 물에 씻어 건져 물기를 빼고 먹기 좋은 크기로 썬다.

절임
2 미나리는 구운 소금으로 절여 헹구지 않고 체에 밭친다.

양념소
손질
3 쪽파는 5 ㎝ 길이로 썰고, 홍고추는 채썬다.

양념
만들기
4 고춧가루, 다진 마늘, 다진 생강, 멸치액젓, 찹쌀풀을 섞어 양념을 만들고 2시간 동안 숙성시킨다.

버무
리기
5 물기를 뺀 미나리를 양념으로 살살 버무려 완성한다.

더 맛있게 담그기

- 미나리는 부드럽고 통통한 것을 골라 김치를 담가야 맛이 있다.
- 3월 말부터 4월 사이에 미나리대가 올라오면서 뻣뻣해지면 이파리를 잘라내고 열무김치처럼 김치를 담그면 맛있다. 2월에는 미나리대가 부드러우므로 된장이나 초고추장을 넣어 겉절이식으로 무친다.

부드럽고 통통한 봄 미나리로 담근
향이 좋은 미나리김치

남도봄김치

미나리콩나물김치

재료 및 분량

주재료

콩나물
1 kg

미나리
1 kg

부재료

홍고추
30 g(2개)

쪽파
30 g

김치양념

고춧가루
30 g(3큰술)

마른 고추
10 g(5개)

마늘
20 g

멸치젓
40 g(2큰술)

구운 소금
약간

담그는 법

주재료 손질

1 콩나물은 머리와 꼬리를 다듬고 씻어 물기를 빼고, 미나리는 잎을 떼고 식초 몇 방울을 떨어뜨린 물에 담가두었다가 건져서 콩나물 길이로 자른다.

절임 (데치기)

2 끓는 물에 소금을 넣고 콩나물을 데쳐 찬물에 헹군 다음 체에 밭쳐 물기를 빼고, 미나리는 데친 다음 꼭 짠다.

부재료 손질

3 홍고추는 3 ㎝ 길이로 채썰고, 쪽파는 3 ㎝ 길이로 썬다.

양념 만들기

4 마른 고추는 잘게 잘라 물에 10분간 불려 마늘, 멸치젓과 함께 갈고, 고춧가루에 부은 다음 구운 소금으로 간을 맞춰 2시간 동안 숙성시킨다.

버무리기

5 콩나물과 미나리에 양념, 홍고추, 쪽파를 넣고 털어가면서 가볍게 버무린다.

더 맛있게 담그기

- 전라남도 영광지역의 향토음식으로 3~4월에 담가 먹는 김치이다.
- 멸치액젓보다는 멸치젓으로 담가야 맛이 진해서 더 좋다.

봄철 부드러운 미나리와 콩나물을 데쳐 멸치젓으로 간을 맞춘 영광군의 향토음식

남도봄김치

민들레김치

주재료

 흰 민들레
1 kg

절임 천일염
120 g(⅔컵)

부재료

 무
500 g

 풋마늘
50 g

 쪽파 50 g

김치양념

 마른 고추
20 g

홍고추
100 g(7개)

 양파
150 g(1개)

 마늘
30 g

 생강
10 g

 갈치젓
30 g(2큰술)

새우젓
20 g(1큰술)

녹두죽
½컵

 사과
120 g(½개)

담그는 법

주재료 손질
1 민들레는 다듬으며 포기가 큰 것은 쪼개어,

절임
2 동량의 물에 소금을 풀어 2시간 동안 담가 절인 다음, 물에 씻어 물기를 뺀다.

부재료 손질
3 무는 2×4×0.3 ㎝로 썰어 소금에 절이고, 풋마늘, 쪽파는 3 ㎝ 길이로 썬다.

양념 만들기
4 양념을 갈아 3시간 동안 숙성시킨 다음,

버무리기
5 준비된 재료에 양념을 버무린다.

더 맛있게 담그기

- 봄산야초는 수분이 적은 채소이기 때문에 고춧가루보다 생고추를 갈아 넣어야 양념이 고루 버무려진다.
- 사과와 양파를 첨가하면 산야초의 쓴맛이 감소한다.

민들레물김치

주재료

 흰 민들레
1 kg

절임 천일염
90 g(½컵)

 구운 소금
30 g(3큰술)

부재료

 무
500 g

 쪽파
50 g

빨간 파프리카
1개

노란 파프리카
1개

물양념

 청양고추
50 g(5개)

홍고추
100 g(7개)

 양파
150 g(1개)

마늘
30 g

 생강
10 g

 녹두죽
½컵

 배
150 g(½개)

물
1.4 L(7컵)

 구운 소금
10 g(1큰술)

담그는 법

주재료 손질
1 흰 민들레는 포기가 큰 것은 쪼개고 뿌리까지 다듬어,

절임
2 동량의 물에 소금을 풀어 2시간 동안 담가 절인 다음 물에 씻어 물기를 뺀다.

부재료 손질
3 무는 2×5×0.3 ㎝로 썰어 구운 소금으로 절이고, 쪽파는 2 ㎝ 길이로 썰고, 파프리카는 채썬다.

양념 만들기
4 양념을 갈아 물 2컵을 첨가하여 잘 섞고 걸러낸 다음, 재료에 버무려 8시간 동안 숙성시킨다.

버무리기
5 재료와 양념을 섞어 용기에 담고, 동량의 40℃ 물에 소금으로 간을 하여 붓는다.

더 맛있게 담그기

- 건더기와 물이 익는 속도가 다르므로 김치를 보관해 두었다가 물을 붓는다. 미지근한 물을 부으면 건더기와 잘 어우러지며 국물이 톡 쏘는 맛이 난다.
- 흰 민들레는 꽃이 피기 전 줄기가 통통한 것이 물김치용으로 적합하다.

이른 봄에 민들레의 어린싹을 뿌리째 캐서 담그는

기능성 별미 민들레김치

남도봄김치

바위옷묵김치
(바우옷묵김치, 독옷묵김치)

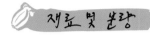
재료 및 분량

주재료

바옷(바위옷)
1 kg

부재료

양파
150 g(1개)

쪽파
30 g

김치양념

청양고추
20 g(2개)

홍고추
30 g(2개)

마늘
30 g

청장
30 mL(2큰술)

참기름
15 mL(1큰술)

참깨
8 g(1큰술)

담그는 법

주재료
손질

1 바옷(바위옷)을 물에 30분 동안 불린 다음 쩍이나 갯벌 등의 이물질을 잘 씻어낸다. 곰솥에 바위옷 2배 부피의 물을 부어 2시간 동안 끓여 바위옷이 물에 녹으면 불을 끄고 식초 2작은술을 넣고 10분이 지난 다음 묵체에 걸러내서 네모통에 넣고 20℃에서 5시간 동안 굳힌다. 바위옷묵이 굳으면 1×1×6 ㎝ 길이로 채썬다.

절임

없음

부재료
손질

2 쪽파는 3 ㎝ 길이로 썰고, 양파는 채썬다.

양념
만들기

3 청양고추, 홍고추, 마늘을 다진다.

버무
리기

4 채썬 바옷묵에 청·홍고추, 마늘, 청장, 참기름을 넣어 버무리고 참깨를 뿌린다.

더 맛있게 담그기

- '청정해역 1004의 섬'이라 불리는 전라남도 신안군 지역에서 예부터 바닷가 주변의 어민들이 만들어 먹던 향토음식이다.
- 바위옷은 오염되지 않은 청정바다의 갯바위에 붙어서 서식하는 해초로서 무기질이 풍부하고 함수율이 높으며 열량이 없어 다이어트 식품으로도 좋다.

해초인 바위옷을 푹 고아 굳힌

묵으로 만든 신안군의 향토음식

남도봄김치

유채김치 (가랏김치)

재료 및 분량

주재료

유채(가랏)
1 kg

절임

천일염
90 g(½컵)

부재료

쪽파
50 g

김치양념

홍고추	마늘	생강
100 g(7개)	15 g	5 g

새우젓   찹쌀죽
120 g(½컵)   50 g(¼컵)

담그는 법

**주재료
손질**

1 유채(가랏)는 동이 선 것을 골라 깨끗이 씻고,

절임

2 물 3컵에 소금 ¼컵을 풀어 유채를 절이고, 나머지 소금 ¼컵은 웃소금으로 뿌려 절인다.

**부재료
손질**

3 쪽파는 3㎝ 길이로 썬다.

**양념
만들기**

4 홍고추, 마늘, 생강, 새우젓, 찹쌀죽을 갈아 2시간 동안 숙성시킨 다음,

**버무
리기**

5 유채에 쪽파를 섞어 양념을 버무린다.

더 맛있게 담그기

- 봄에 꽃이 피기 전 유채잎은 따서 나물로 무쳐 먹고, 유채의 열매는 기름을 짠다.
- 유채와 가랏을 엄밀하게 구분하면 다른 종류인데, 가랏줄기는 열무와 비슷하며 회색에 가까운 녹색이다.

봄내음을 물씬 풍기는 가랏김치

어린잎이 달린 가랏줄기로 담가 독특한 쓴맛이

남도봄김치

죽순김치

재료 및 분량

주재료

삶은 죽순
1 kg

절임
천일염
90 g(½컵)

쌀뜨물
600 mL(3컵)

감초
3조각

부재료

쪽파
50 g

무
200 g

미나리
100 g

청고추
20 g(2개)

홍고추
30 g(2개)

김치양념

고춧가루
50 g(½컵)

마늘
30 g

생강
10 g

멸치액젓
70 mL(⅓컵)

들깻가루풀
70 g(⅓컵)

담그는 법

주재료 손질
1 죽순은 통으로 삶아 껍질을 벗기고, 길이방향으로 반으로 갈라 안쪽 막을 제거하고,

절임
2 쌀뜨물 3컵에 천일염 ½컵, 감초 3조각을 넣고, 죽순을 담가 4시간 동안 절인다.

부재료 손질
3 쪽파는 2 cm 길이로 썰고, 미나리는 살짝 절인 다음 씻어 물기를 빼고, 무와 청·홍고추는 2 cm 길이로 채썬다.

양념 만들기
4 액젓에 고춧가루를 넣어 불려놓고 마늘, 생강을 갈아 들깻가루풀, 부재료와 함께 섞는다.

버무리기
5 죽순 속에 양념을 넣어 원래 모양으로 만든 다음, 4 cm 간격으로 미나리를 묶어 용기에 담고 먹을 때 썰어 놓는다.

더 맛있게 담그기

- 쌀뜨물과 감초는 죽순의 아린 맛을 줄인다.
- 삶은 죽순은 맛이 쉽게 변하므로 3~4일 동안 먹을 분량만 만드는 것이 좋다.
- 들깻가루풀 만드는 법은 생들깨 1컵에 물 1½컵을 넣고 갈아 체에 걸러 끓인다.
- 죽순김치의 부재료로 채썬 사과를 넣어 담그기도 한다.

죽순물김치

재료 및 분량

주재료

죽순
1 kg

절임
천일염
90 g(½컵)

쌀뜨물
600 mL(3컵)

감초
3조각

부재료

쪽파
50 g

배
300 g(1개)

미나리
50 g

홍고추
30 g(2개)

물양념

청양고추
50 g(5개)

마늘
30 g

생강
10 g

들깻가루풀
70 g(⅓컵)

물
1.4 L(7컵)

구운 소금
10 g(1큰술)

담그는 법

주재료 손질
1 삶은 죽순을 1×4 cm 길이로 어슷썰고,

절임
2 쌀뜨물 3컵에 천일염 ½컵, 감초 3조각을 넣고, 죽순을 담가 4시간 동안 절인 다음, 물에 한 번 씻어 물기를 뺀다.

부재료 손질
3 배는 1×1×4 cm로 썰고, 미나리는 2.5 cm 길이로 썰고, 홍고추는 4 cm 길이로 채썬다.

양념 만들기
4 양념을 갈아 재료의 1.5배의 물과 혼합하여 잘 섞고 고운체에 걸러 소금으로 간을 한다.

버무리기
5 죽순, 쪽파, 미나리, 홍고추를 용기에 넣고 물양념을 붓는다.

더 맛있게 담그기

- 봄에 삶은 죽순을 냉동보관했다가 사용할 때 해동시키지 않고 바로 끓는 물에 넣고 불을 끈 다음, 물이 식을 때까지 그대로 두면 삶은 죽순처럼 된다.

쌀뜨물에 담가 아린 맛을 우려내 부드러우면서도 아삭거리는 죽순김치

남도봄김치

줄기양파김치

재료 및 분량

주재료

양파(줄기가 달린
어린 양파) 2 kg

절임

천일염
180 g(1컵)

식초
100 mL(½컵)

김치양념

마른 고추
100 g

마늘
50 g

생강
20 g

새우젓
120 g(½컵)

멸치젓
40 g(2큰술)

멥쌀풀
70 g(⅓컵)

사과
250 g(1개)

담그는 법

주재료 손질

1 양파는 줄기가 달린 채로 잔뿌리부분만 다듬고

절임

2 물 3컵에 식초 ½컵, 천일염 1컵을 풀어 양파를 8시간 동안 절인 다음, 물에 한 번만 헹구어 물기를 뺀다.

부재료 손질

없음

양념 만들기

3 마른 고추는 꼭지를 다듬어 씻어 2시간 불리고 마늘, 생강, 사과, 새우젓과 함께 갈아 멥쌀풀, 멸치젓을 혼합한다.

버무리기

4 절여진 양파를 양념에 버무려 양파 3개씩을 한데 묶어 용기에 담아 익혀 먹는다.

더 맛있게 담그기

- 국물이 많지 않기 때문에 윗부분이 공기에 노출되지 않게 비닐을 덮고, 우거지를 덮는다.
- 절일 때 식초를 첨가하면 매운맛이 줄어든다.

남도봄김치

참가죽잎김치   참가죽잎물김치

참가죽잎김치

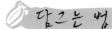
재료 및 분량

주재료 참가죽잎 1 kg	절임 멸치액젓 70 mL(⅓컵)

양념소

 미나리 50 g   쪽파 50 g

김치양념

 마른 고추 20 g   홍고추 100 g (7개)   양파 150 g (1개)   마늘 30 g   생강 10 g   새우젓 20 g (1큰술)   대추고 ½컵

담그는 법

주재료 손질	1 참가죽나무의 가지를 잘라 굵은 줄기부분을 제거하고 씻은 다음, 참가죽잎을 끓는 물에 데쳐 물기를 뺀 다음,
절임	2 멸치액젓에 버무려 절인다.
양념소 손질	3 미나리, 쪽파는 3 ㎝ 길이로 썬다.
양념 만들기	4 양념 재료를 분량대로 갈아 3시간 동안 숙성 시킨 다음,
버무리기	5 참가죽잎, 미나리, 쪽파에 양념을 넣고 버무린다.

더 맛있게 담그기

- 참가죽잎은 어린순일 때는 나물, 부각으로도 이용하는 독특한 맛을 가진 식재료이다.

참가죽잎물김치

재료 및 분량

주재료 참가죽잎 1 kg	절임 구운 소금 30 g(3큰술)

양념소

 무 300 g   미나리 50 g   쪽파 30 g   동이 선 재래갓 200 g

물양념

 청양고추 50 g(5개)   마늘 30 g   생강 10 g   멥쌀풀 100 g(½컵)   배 300 g(1개)

물 1.4 L(7컵)   구운 소금 10 g(1큰술)

담그는 법

주재료 손질	1 참가죽나무의 굵은 줄기를 제거하여 씻고, 참가죽잎을 끓는 물에 데쳐 물기를 빼고,
절임	2 구운 소금을 뿌려 1시간 동안 절인다.
양념소 손질	3 무는 모양틀에 찍어서 0.3 ㎝ 두께로 썰고, 미나리, 쪽파는 2 ㎝ 길이로 썰고, 갓은 씻어 물기를 뺀다.
양념 만들기	4 분량의 양념에 물 2컵을 넣고 갈아 고운체로 걸러
버무리기	5 재료에 버무려 실온에 하루 동안 두었다가, 재료와 동량의 40℃의 물을 부은 다음 3일 동안 숙성시켜 먹는다.

더 맛있게 담그기

- 실온에서 숙성시킨 다음 미지근한 물을 부으면 김칫국의 색깔이 곱고 톡 쏘는 맛이 난다.

참가죽나무의 향이 좋은 어린잎으로 담근

쌉싸름한 맛의 봄철 별미 참가죽잎김치

남도봄김치

참나물김치

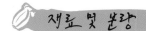 재료 및 분량

주재료

참나물
1 kg

절임

구운 소금
30 g(3큰술)

양념소

쪽파
100 g

당근
50 g

양파
50 g(⅓개)

김치양념

고춧가루
40 g(4큰술)

마늘
20 g

생강
5 g

멸치액젓
30 mL(2큰술)

찹쌀풀
50 g(3큰술)

담그는 법

주재료 손질 1 참나물의 억센 줄기는 골라내고 깨끗이 씻어,

절임 2 구운 소금을 푼 물에 30분간 절인 다음 헹구지 않고 체에 밭친다.

양념소 손질 3 쪽파는 3 ㎝ 길이로 썰고 양파와 당근은 가늘게 채썬다.

양념 만들기 4 고춧가루에 멸치액젓, 마늘, 찹쌀죽으로 양념을 만들고 부재료를 넣어 2시간 동안 숙성시킨다.

버무리기 5 절여진 참나물에 양념을 넣고 살살 버무려 완성한다.

더 맛있게 담그기

• 참나물김치는 저장김치보다는 겉절이용으로 적합하다.

나물 중에서 최고인 참나물로 담가 윤기가 흐르고 독특한 향이 나는 참나물김치

남도봄김치

파김치(가랑파김치)

주재료

가랑파
2 kg

절임

멸치젓
120 g(½컵)

김치양념

고춧가루	육수	마늘	생강
100 g(1컵)	100 mL(½컵)	50 g	10 g

설탕   통깨
12 g(1큰술)   약간

담그는 법

주재료 손질
1 파(가랑파)는 뿌리를 다듬고 씻어 물기를 빼고,

절임
2 멸치젓 ¼컵을 뿌리부분에 뿌려 살짝 절인다.

부재료 손질
없음

양념 만들기
3 육수와 남은 멸치젓 ¼컵에 고춧가루를 넣어 불리고, 마늘, 생강을 갈아 설탕, 참깨를 함께 섞어 양념을 만든 뒤 2시간 동안 숙성시킨다.

버무리기
4 파에 양념을 넣고 버무린 다음 5가닥씩 똬리를 틀어 용기에 차곡차곡 담는다.

더 맛있게 담그기

• 뿌리가 굵고 흰 부분이 많으며, 길이가 짧은 파로 담근 파김치가 시원하고 단맛이 있다.

미끄럽지 않고 단맛이 있는 봄철 파김치

가랑파라고 불리는 줄기가 가느다란 어린 대파로 담근

남도봄김치

풋마늘김치

재료 및 분량

주재료

풋마늘대
2 kg

절임

천일염   물
180 g(1컵)   1L(5컵)

부재료

홍고추
75 g(5개)

김치양념

고춧가루   생강   멸치액젓
100 g(1컵)   5 g   45 mL(3큰술)

찹쌀죽
100 g(½컵)

담그는 법

주재료 손질
1 연한 풋마늘은 뿌리를 자르고 깨끗이 씻어,

절임
2 물 1 L에 소금을 풀어 흰 줄기부분만 먼저 30분 간 절인 후 푸른 잎부분을 절인다.

부재료 손질
3 홍고추는 3 ㎝ 길이로 썰고,

양념 만들기
4 멸치액젓에 고춧가루, 찹쌀죽을 섞어 불려두고 생강을 갈아 함께 섞어 2시간 동안 숙성시킨 후

버무리기
5 풋마늘대에 부재료를 섞어 양념을 버무린다.

더 맛있게 담그기

- 풋마늘은 통마늘과 같은 효능이 있으며, 흰 부분은 생으로 된장에 찍어 먹기도 한다.
- 풋마늘은 연한 부분을 써야 질기지 않으며, 억세면 데쳐서 김치를 담근다.

봄에 나는 연한 풋마늘대로 담가 푹 익혀 먹는 풋마늘김치

남도봄김치

남도 여름 김치

남도 여름김치 재료이야기

초록빛 채소들이 무성하게 자라는 여름에 생산되는 오이, 부추, 열무 등 다양한 김치재료로 담근 여름김치는 신선한 맛과 상큼한 향이 입맛을 돋운다. 날이 갈수록 더워지는 여름에는 찹쌀풀보다 찬밥을 갈아 넣거나, 으깬 삶은 감자, 보리밥 또는 밀가루로 풀을 쑤어 김치양념을 만들 때 넣고 자박자박 국물을 만들어 김치를 담근 다음 차가운 곳에 보관하여 시원한 국물을 먹으며 더위를 이겨낸다. 무더위에 지친 입맛을 살리는 여름김치는 홍고추와 새우젓을 갈아 재료의 아삭함은 유지하면서 달콤한 맛을 즐기고, 숙성시키는 것보다 소량씩 담가서 바로 먹는다. 여름김치에는 오이소박이, 열무김치, 얼갈이배추김치, 된장지, 고구마줄기김치 등이 있다.

여름배추

여름에 구입하는 배추는 속이 꽉 차지 않은 상태이다. 배추는 서늘한 기후에서 자라야 결구도가 높으며, 높은 온도에서 배추 속이 차오르면 동이 있어 먹지 못한다.

얼갈이배추

씨를 파종하고 40일 후에 수확하는 얼갈이배추는 봄부터 여름까지 김치 담그기에 적합하다. 얼갈이배추에 된장을 넣어 담근 된장지는 보리밥과 함께 먹으면 맛이 있다. 얼갈이배추의 뿌리가 싱싱하고, 줄기의 흰 부분이 탄력 있는 것을 고르는 것이 좋다.

여름무

이른 봄에 파종하여 7, 8월에 수확하는 고랭지무를 보통 여름무라고 부르며, 수분 함량이 많아서 김치를 담글 때는 소금보다 액젓에 절여 담그는 것이 더 맛있다.

가지

6월 말부터 구입이 가능하며 가지색이 선명하고 윤기가 있으며 구부러지지 않는 것이 좋다. 밀봉하여 냉장보관하여 사용하면 좋다.

고구마줄기

7, 8월부터 구입이 가능하며 초록색 고구마줄기의 껍질을 벗겨 살짝 데친 후 김치를 담근다. 붉은색 고구마줄기는 김치를 담그기에는 적합하지 않으며 껍질째 데쳐서 말려 묵나물로 사용하는 것이 좋다.

고수

고수는 사찰에서 김치를 담가 먹으며, 15 cm 길이의 것이 질기지 않다. 고수를 채취하여도 땅속에 있는 뿌리에서 고수순이 계속 자라므로 자라면 또 뜯어서 음식으로 만들어 먹을 수 있다.

고추

청고추는 6월부터 8월 말까지 수확하기에 적합한 여름철 제철채소이며, 고추소박이를 담그는 고추는 통통하고 연한 풋고추가 적당하다.

깻잎

사계절 내내 구입이 가능하지만, 7월 중순부터 8월 말까지 노지에서 재배된 깻잎이 향도 좋고 가장 맛이 있으며 크기가 일정한 것으로 김치를 담가야 좋다.

노각

늙은 오이라 불리는 노각은 7월 중순부터 8월 말까지가 가장 맛있으며, 호박빛깔처럼 누렇게 익으면 신맛이 나므로 푸른색이 약간 겉도는 것이 좋다. 노각을 절반으로 갈라 속을 파내고 소금에 절여 장아찌로 만들기도 한다.

오이

백오이, 취청오이, 가시오이 등을 요리에 주로 사용하며, 4월부터 여름까지가 제철이다. 20 ㎝ 길이의 오이가 수분이 많고 쓴맛이 덜하며 아삭아삭하고 꼭지의 단면이 싱싱한 것이 좋다.

부추

겨우내 뿌리가 땅속에 있다가 봄철에 자라난 푸른 부추가 맛이 있으나, 줄기가 가늘고 부드러워, 여름철인 7월부터 9월 초 사이에 두껍게 자라난 부추가 김치를 담그기에 좋다. 꽃봉오리가 핀 부추는 먹지 않는다.

상추

전라남도 담양군 남면 지곡리 송강 정철의 후손인 이당 정영택 선생댁에서는 400년 동안 이어져 내려온 조선상추씨앗이 있는데, 상추씨앗을 해마다 뿌리고 재배하여 잎을 따내지 않은 채 줄기 그대로 불뚝지(상추김치)를 담근다. 재래종상추의 연한 줄기로 담그는 상추김치의 쌉싸름한 쓴맛이 입맛을 돋운다.

무등산수박

10 ㎏ 이상 무게가 나가는 무등산수박은 8월부터 10월까지 무등산 중턱에서 생산되며, 씨가 적고 박 맛이 나는 붉은색의 과육과 푸르스름한 두꺼운 속껍질, 표면에 검은 선이 없는 겉껍질이 특징이다. 겉껍질을 벗겨내고 푸르스름한 속껍질을 무로 담그는 깍두기처럼 김치를 담가 먹는다.

알타리무

전라도에서는 가을이나 겨울보다 여름철인 7월부터 9월 사이에 알타리무를 구입하여 알싸한 매운맛이 나는 알타리무김치를 담근다. 날씨가 너무 더우면 뿌

리에 줄이 생겨 무가 질겨진다. 껍질에는 비타민 C가 많기 때문에 깎지 말고 깨끗이 씻어서 사용한다.

양파

양파농사를 지을 때 솎아내는 줄기가 달린 어린양파를 구입하여 담가 먹었으나, 근래에는 5월에 햇양파가 출하되기 시작하므로 작은 크기의 매운맛이 덜한 양파로 김치를 담근다. 둥근 모양이며 겉껍질과 속이 단단한 양파로 담근 양파김치가 맛있다.

열무

7월부터 8월까지의 여름이 제철이며 줄기가 짧고 진녹색이며 통통하여 김치로 이용하기에 좋다. 줄기가 긴 열무는 잎이 짧아 맛이 싱겁다. 열무는 풋내가 나지 않도록 맑은 물에서 살살 씻어야 한다.

쪽파

사계절 구입이 가능하나 8월 햇쪽파로 담근 파김치는 줄기가 가늘고 알뿌리가 작아서 매운맛이 덜하고 부드러워서 가장 맛있다. 늦봄 알뿌리가 굵은 쪽파도 익혀서 여름에 먹으면 별미김치가 된다.

청각

전라도김치에 빠지지 않고 넣는 양념재료로서 8월 말에 수확하여 일조량이 많은 여름철에 건조한다. 청각의 포기가 큰 것이 좋으며 지퍼백을 이용하여 공기가 통하지 않게 보관한다. 김치의 시원한 맛을 더해 주도록 말린 청각을 씻어서 찬물에 30분간 불려 모래와 잡티를 없앤 뒤 사용한다.

청장

정월(음력 1월) 말에 겨우내 발효시킨 메주의 몸통을 흐르는 물에 깨끗이 씻어 해로운 곰팡이를 제거하고 항아리에 넣은 다음, 달걀이 동동 떠오르는 소금물을 항아리에 부어 장을 담근다. 50일쯤 지나 메주가 잘 발효되면 메주를 건져내고 이듬해 정월까지 1년간 숙성시킨 간장이다.

배추김치(여름)

 재료 및 분량

주재료

중갈이배추
6 kg(2단)

절임

천일염
360 g(2컵)

물
2 L(10컵)

양념소

부추
100 g

김치양념

고춧가루
300 g(3컵)

마른 고추
100 g

육수
400 mL(2컵)

양파
150 g(1개)

마늘
150 g

생강
30 g

멸치젓
60 g(3큰술)

새우젓
120 g(½컵)

갈치젓
60 g(3큰술)

찹쌀죽
300 g(1½컵)

배
200 g(⅔개)

 담그는 법

**주재료
손질**

1 중갈이배추를 반으로 갈라

절임

2 소금물에 배추를 담가 웃소금을 뿌려준 다음, 배추가 충분히 잠기도록 소금물을 붓고 6시간 동안 절인다. 절임이 끝나면 흐르는 물에 씻은 다음 3시간 동안 물기를 뺀다.

**양념소
손질**

3 부추는 3 ㎝ 길이로 썬다.

**양념
만들기**

4 마른 고추를 잘게 잘라 물에 씻어 10분 동안 담가 두었다 갈고, 고춧가루, 찹쌀죽 등 양념이 잘 어우러지도록 섞어 2시간 동안 숙성시킨다.

**버무
리기**

5 양념에 양념소를 넣어 절인 배추에 버무린 다음, 용기에 담아 상온에서 5시간 동안 숙성시킨 후 냉장보관한다.

더 맛있게 담그기

- 여름철 배추는 가을철 배추보다는 풋내가 더 나기 때문에 폭이 차지 않은 중갈이배추로 여름김치를 담근다.
- 절임 1단계에서 사용하는 소금물 만드는 법 : 천일염 1컵을 물 2L에 풀어 염수를 만든다. 2절한 배추를 염수에 30분 동안 담가 배추 켜를 부드럽게 만든 후 속소금 2컵을 골고루 뿌려 6시간 동안 절인다.
- 김치의 육수 : 황태머리, 디포리, 무, 양파, 다시마, 대파를 넣어 육수를 만들며 김치양념과 풀을 쑬 때 사용한다.
- 여름에 생산되는 미나리는 질기고 독한 향이 있어 여름김치에 부재료로 넣는 것은 적합하지 않다.

중갈이 배추에 부추를 넣고 담근 풋김치

배추 폭이 차지 않고 푸른 잎부분이 많은

청장배추김치

재료 및 분량

주재료

배추속대
2.5 kg(1포기)

무
1 kg

절임

구운 소금
60 g(6큰술)

부재료

쪽파
50 g

미나리
50 g

갓
50 g

김치양념

고춧가루
80 g(⅔컵)

마늘
50 g

생강
10 g

배
80 g(¼개)

찹쌀죽
50 g(3큰술)

청장
100 mL(½컵)

담그는 법

주재료 손질
1 배추와 무는 가로, 세로 2.5×3 ㎝, 두께는 0.5 ㎝ 크기로 나박나박 썬다.

절임
2 구운 소금으로 절인 다음 헹구지 않고 체에 밭친다.

부재료 손질
3 쪽파, 미나리, 갓은 3 ㎝ 길이로 썬다.

양념 만들기
4 마늘, 생강, 배를 갈아 고춧가루, 청장, 찹쌀풀을 섞어 2시간 동안 숙성시킨다.

버무리기
5 절여진 배추, 무에 부재료를 넣고 양념을 부어 버무린다.

더 맛있게 담그기

- 장 분류
  청장 = 담근 지 1년 된 간장
  중장 = 담근 지 2~3년 된 간장
  진장 = 담근 지 4~5년 된 간장

전라도나 사찰에서 젓갈 대신

청장을 넣어 담그는 배추김치

남도여름김치

된장얼갈이배추김치 (된장지)

재료 및 분량

주재료

얼갈이배추 또는
열무 2 kg

부재료

청고추
50 g(5개)

홍고추
50 g(3개)

쪽파
30 g

김치양념

된장
90 g(⅓컵)

고추장
90 g(⅓컵)

마른 고추
50 g

마늘
50 g

생강
20 g

설탕
30 g(2큰술)

담그는 법

주재료 손질 1 얼갈이배추를 다듬어 씻고 물기를 뺀 다음 먹기 좋게 6~7 ㎝ 길이로 끊는다.

절임 없음

부재료 손질 2 청 · 홍고추는 어슷썰며, 쪽파는 3 ㎝ 길이로 썬다.

양념 만들기 3 마른 고추를 물에 불려두었다가 마늘, 생강을 넣고 갈아 된장, 고추장, 설탕을 섞어 2시간 동안 숙성시킨 다음,

버무리기 4 얼갈이배추에 청 · 홍고추, 쪽파를 섞어 양념을 넣어 가볍게 버무린다.

더 맛있게 담그기

- 전라남도 보성군 지역의 향토음식으로 김치양념에 마른 고추 대신 고춧가루와 식초를 넣어 겉절이식으로 무치기도 한다.

발효식품 된장과 고추장으로 양념한
담백하고 구수한 맛의 보성군 된장김치

나박김치

재료 및 분량

주재료

배추
1 kg

무
1 kg

절임

구운 소금
30 g(3큰술)

부재료

쪽파
100 g

미나리
50 g

김치양념

홍피망(또는 고춧가루)
60 g 150 g(2개)

청양고추
50 g(5개)

마늘
150 g

생강
20 g

멥쌀풀
100 g(½컵)

배
300 g(1개)

물
3 L(15컵)

구운 소금
30 g(3큰술)

담그는 법

주재료 손질 1 배추를 한 잎씩 떼어 씻은 후, 3×3 ㎝로 썰고, 무는 3×3×0.2 ㎝ 크기로 나박나박 썰고

절임 2 배추, 무에 소금을 뿌려 30분간 절인다.

부재료 손질 3 쪽파, 미나리는 3 ㎝ 길이로 썬다.

양념 만들기 4 양념에 물 2컵을 넣고 갈아 고운체로 거른다.

버무 리기 5 재료에 양념을 섞어 3시간 동안 숙성시킨 다음, 재료무게의 1.5배인 40℃ 물 3 L를 재료에 붓고 소금 간을 한다.

더 맛있게 담그기

- 나박김치는 보통 고춧가루로 김칫국 색깔을 내는데, 홍피망을 사용하면 고운 붉은 색깔이 바래지 않고 장시간 유지된다.
- 김치 건더기가 숙성된 다음 미지근한 소금물을 부으면 재료의 식감이 더욱 아삭거리고 국물이 톡 쏘는 맛을 낸다.
- 재료에 양념을 버무려 숙성시킬 때 계절에 따라 시간을 달리하는데, 여름에는 1~2시간, 겨울에는 5~6시간이 소요된다.

홍피망을 갈아 국물색을 낸

시원하고 알싸한 맛의 나박김치

남도여름김치

총각김치(알타리무김치)

주재료

총각무(알타리무)
2 kg

절임

천일염
90 g(½컵)

부재료

쪽파
50 g

김치양념

고춧가루	마늘	생강	멸치액젓
100 g(1컵)	50 g	20 g	100 mL(½컵)

새우젓	찹쌀풀	사과
40 g(2큰술)	100 g(½컵)	150 g(½개)

담그는 법

주재료 손질 1 알타리무는 무가 균일하고 무청이 부드러운 것으로 골라 뿌리를 다듬는다.

절임 2 소금을 뿌려 2시간 동안 절인 다음 헹구고, 무에 십(十)자로 칼집을 넣는다.

부재료 손질 3 쪽파는 3 ㎝ 길이로 어슷썬다.

양념 만들기 4 마늘, 생강, 멸치액젓, 새우젓, 찹쌀풀, 사과를 갈아 고춧가루에 혼합하여 2시간 동안 숙성시킨 다음,

버무리기 5 알타리무에 쪽파와 양념을 버무려 2~3개씩 모아 무청으로 묶어 담는다.

더 맛있게 담그기

- 알타리무는 뿌리가 작은 것을 고르고 무청을 함께 넣어 김치를 담가야 맛있다.

총각무의 부드러운 무청을 함께 넣어
익을수록 국물 맛이 시원한 총각김치

남도여름김치

깍두기(여름)

재료 및 분량

주재료

무
2 kg(2개)

절임

멸치액젓
100 mL(½컵)

부재료

쪽파
50 g

김치양념

고춧가루
60 g(6큰술)

마늘
30 g

생강
10 g

찹쌀풀
30 g(2큰술)

사과
120 g(½개)

담그는 법

주재료
손질
1 무의 겉껍질을 벗기고 2×2×1 ㎝ 길이로 썰어,

절임
2 멸치액젓에 버무려 1시간 동안 절인 다음 물기를 뺀다.

부재료
손질
3 쪽파는 3 ㎝ 길이로 썬다.

양념
만들기
4 절인 멸치액젓 2큰술에 고춧가루와 찹쌀풀을 혼합하고, 마늘, 생강을 갈아 섞은 다음 사과를 넣고 2시간 동안 숙성시킨다.

버무
리기
5 무, 쪽파에 김치양념을 넣어 버무린다.

더 맛있게 담그기

- 무를 고를 때 무 겉껍질에 질긴 심이 없는 것을 선택하고, 단맛이 적고 맵기 때문에 양념에 사과를 첨가한다.
- 무를 깍둑썰기할 때 여름에는 익는 속도가 빠르기 때문에 나박나박 썬다.
- 김치양념에 매실청을 넣어도 맛이 좋다.

단맛이 적고 매운맛이 있는 여름철 무를 멸치액젓으로 절여 담근 깍두기

남도여름김치

양파김치

재료 및 분량

주재료

양파
1 kg(7개)

절임

구운 소금
30 g(3큰술)

양념소

쪽파
20 g

김치양념

고춧가루	까나리액젓	매실청	멥쌀풀
50 g(5큰술)	100 mL(½ 컵)	15 g(1큰술)	30 g(2큰술)

고명

통깨
1큰술

담그는 법

주재료
손질
1 양파는 겉껍질을 벗겨 씻고, 뿌리쪽 1 ㎝를 남겨 두고 4등분이 되게 칼집을 넣는다.

절임
2 양파에 구운 소금을 뿌려 1시간 동안 절인 다음 물기를 뺀다.

양념소
손질
3 쪽파는 2 ㎝ 길이로 썬다.

양념
만들기
4 까나리액젓에 고춧가루를 불려 매실청과 멥쌀 풀, 쪽파를 섞어 2시간 동안 숙성시킨 다음,

버무
리기
5 양파에 김치양념을 버무린다.

더 맛있게 담그기

- 5월 햇양파가 나올 때는 담가서 바로 먹어도 맵지 않다.
- 양파를 4등분으로 썰어 담그기도 한다.
- 저장용 양파일 경우 4~5일 정도 익혀 매운맛이 없어지면 먹는다.
- 양파로 유명한 무안에서는 양파김치에 마늘과 생강을 넣지 않지만 다른 지역에서는 마늘과 생강을 넣기도 한다.
- 양파가 쉽게 물러지지 않고 강한 맛을 완화시키기 위해 매실청을 넣는다.

게르마늄 성분이 많은 황토밭에서 자란

단단한 양파로 담근 무안군 향토음식

남도여름김치

풋고추열무김치

재료 및 분량

주재료

열무
4 kg

절임

천일염
180 g(1컵)

양념소

쪽파	홍고추	양파
50 g	90 g(6개)	300 g(2개)

김치양념

주황빛 풋고추	마늘	생강	새우젓
200 g(20개)	100 g	20 g	120 g(½컵)

보리밥	물	구운 소금
200 g(1컵)	600 mL	약간
	(3컵)	

담그는 법

주재료 손질   1 열무를 다듬고 8 ㎝ 길이로 잘라 씻는다.

절임   2 줄기에는 소금을 넉넉하게 뿌리고, 잎부분은 적게 뿌린 다음 한 번 헹구어 건진다.

양념소 손질   3 쪽파는 3 ㎝ 길이로 썰고, 홍고추는 3 ㎝로 어슷 썰고, 양파는 채썬다.

양념 만들기   4 끝이 약이 올라 불그스름한 풋고추, 마늘, 생강, 보리밥, 새우젓에 물 2컵을 부어 거칠게 간다.

버무리기   5 절인 열무에 양념소와 양념을 넣고 버무려 통에 담고 물 1컵으로 그릇을 헹구어 자작하게 붓고 상온에서 반나절 익힌 다음 냉장보관한다.

더 맛있게 담그기

- 고추 수확이 끝나 고춧대를 뿌리째 뽑을 즈음 끝부분이 주황색으로 변한 약이 오른 풋고추를 갈아 넣고 담그는 열무김치로 국물색이 주홍색이다.
- 전라남도 보성군, 고흥군 지역에서 여름철에 담가 먹는 향토음식이다.

약이 올라 끝이 주황색으로 변한
풋 고추를 갈아 열무에 넣은 보성군 · 고흥군 향토음식

남도여름김치

120  121

얼갈이배추열무김치

재료 및 분량

주재료

열무
1 kg

얼갈이배추
1 kg

절임

천일염
180 g(1컵)

부재료

쪽파
50 g

홍고추
150 g(10개)

김치양념

마른 고추
150 g

양파
150 g(1개)

마늘
50 g

생강
20 g

새우젓
120 g(½컵)

밀가루풀
200 g(1컵)

사과
250 g(1개)

담그는 법

주재료 손질
1 열무와 얼갈이배추를 다듬어 씻고 물기를 뺀 다음 먹기 좋게 6~7 ㎝ 길이로 끊는다.

절임
2 천일염 ½컵에 물 4컵을 녹인 소금물에 열무와 얼갈이배추를 담그고 남은 소금을 웃소금으로 뿌린다.

부재료 손질
3 쪽파는 3 ㎝ 길이로 썰고, 홍고추는 어슷썬다.

양념 만들기
4 양념재료를 갈아 2시간 동안 숙성시킨 다음,

버무리기
5 열무와 얼갈이배추에 쪽파, 홍고추, 양념을 넣어 가볍게 버무린다.

더 맛있게 담그기

- 열무김치는 상온에서 3~4시간 동안 익혀 냉장고에 보관한다.
- 익은 열무김치는 고추장과 참기름을 넣고 비빔밥을 만들어 먹어도 좋다.
- 7~8월 노지에서 나온 열무가 질겨 맛이 없어질 때 부드러운 얼갈이배추를 섞어 담근다.

열무김치를 담글 때 밀가루풀을 쑤어서 넣으며

얼갈이배추를 섞어 담근 열무김치

남도여름김치

열무김치, 열무자박이김치

재료 및 분량

주재료

열무
2 kg

절임

천일염
180 g(1컵)

부재료

쪽파
100 g

미나리
50 g

김치양념

마른 고추
50 g

홍고추
100 g(7개)

양파
50 g(⅓개)

마늘
50 g

생강
10 g

새우젓
120 g(½컵)

보리밥(밀가루풀)
100 g

사과
50 g(1/5개)

물
1 L(5컵)

구운 소금
20 g(2큰술)

담그는 법

주재료 손질
1 열무는 연하고 싱싱한 것으로 골라 뿌리를 다듬 어 씻고 10 ㎝ 길이로 썬다.

절임
2 천일염 ½컵을 물에 녹여 열무를 간하고, 남은 소금을 웃소금으로 뿌려 2시간 동안 절인다.

부재료 손질
3 쪽파와 미나리는 3 ㎝ 길이로 썬다.

양념 만들기
4 물에 불린 마른 고추, 홍고추, 마늘, 생강, 보리 밥, 새우젓, 양파, 사과와 함께 간다.

버무 리기
5 열무에 쪽파와 미나리를 넣고 양념을 넣어 버무 린다.

6 열무자박이김치는 열무김치와 동일한 방법으로 담그되 비빔용기에 물 1 L를 부어 묻은 양념을 헹 구고 소금으로 간을 하여 열무김치 위에 붓는다.

더 맛있게 담그기

- 열무를 절일 때 여름엔 1시간, 겨 울엔 2시간을 두어서 충분히 절 여야 익었을 때 색이 변하지 않 는다.
- 열무는 씻을 때 풋내가 나지 않 게 흔들어 씻는다.

보리밥、식은밥、밀가루풀 등을 갈아넣고 담가
꽁보리밥과 비벼먹는 열무김치

남도여름김치

가지김치

재료 및 분량

주재료

가지
1 kg

양념소

청고추	홍고추	쪽파
30 g(3개)	50 g(3개)	50 g

김치양념

고춧가루	마늘	생강
50 g(5큰술)	30 g	10 g

멸치액젓	청장
70 mL(⅓컵)	70 mL(⅓컵)

담그는 법

**주재료
손질**

1 가지는 6 ㎝ 길이로 토막내어 가운데 칼집을 내어 벌리고, 다시 가운데에 칼집을 내어 펼쳐지도록 벌린 뒤 김 오른 찜기에 2분간 찐 다음 뚜껑을 열어 식힌다.

절임

없음

**양념소
손질**

2 청·홍고추는 잘게 다지고, 쪽파는 1 ㎝ 길이로 썬다.

**양념
만들기**

3 고춧가루를 멸치액젓과 청장에 넣어 불리고, 마늘, 생강을 다져 부재료와 함께 섞는다.

**버무
리기**

4 가지 속부분이 위로 오도록 펼치고 양념을 한 숟가락씩 떠서 고루 바른다.

더 맛있게 담그기

• 고춧가루 대신 홍고추를 갈아 사용하기도 한다.
• 가지는 자르면 단면의 색이 금방 변하므로 찌기 바로 전에 자른다.

여름철 부드러운 가지를 살짝 쪄서
청장과 멸치액젓을 넣어 담근 보성군 가지김치

남도여름김치

고구마줄기김치

주재료

고구마줄기
2 kg

천일염
10 g(1큰술)

부재료

쪽파
50 g

홍고추
30 g(2개)

김치양념

고춧가루
100 g(1컵)

마늘
50 g

생강
10 g

멸치액젓
100 mL(½컵)

찹쌀풀
200 g(1컵)

담그는 법

주재료 손질	1 줄기가 푸른 고구마줄기를 골라 잎을 떼어내고 껍질을 벗겨 끓는 소금물에 데친다.
절임	없음
부재료 손질	2 쪽파는 2 ㎝ 길이로 썰고, 홍고추는 어슷썬다.
양념 만들기	3 마늘, 생강을 갈아 고춧가루, 멸치액젓, 찹쌀풀을 넣고 섞는다.
버무리기	4 고구마줄기에 쪽파, 홍고추를 넣고 양념으로 버무린다.

더 맛있게 담그기

- 잎이 푸른 고구마줄기는 껍질이 잘 벗겨지지 않고 질기므로 데쳐서 김치양념을 넣어 김치를 담가 먹는 전라도 서·남해안지역의 향토음식이다.
- 부추를 5 ㎝ 길이로 썰어 부재료로 넣기도 한다.

고구마줄기를 데쳐서 젓갈을 넣어 담그는

전라도의 여름 별미 고구마줄기김치

남도여름김치

고수김치

주재료
고수
2 kg

절임
천일염
60 g(⅓컵)

부재료

쪽파
50 g

김치양념

마른 고추
150 g

마늘
30 g

생강
10 g

새우젓
80 g(⅓컵)

멥쌀풀
70 g(⅓컵)

사과
250 g(1개)

주재료 손질 　1 고수는 싱싱한 것을 골라 뿌리는 자르고 겉잎을 떼어내고 씻어 물기를 뺀다.

절임 　2 준비된 고수는 소금물에 절인 다음 건져내어 하룻밤 동안 물에 담가 향을 우려낸다.

부재료 손질 　3 쪽파는 3 ㎝ 길이로 썬다.

양념 만들기 　4 마른 고추를 물에 불려두었다가 김치양념과 함께 갈아서 2시간 동안 숙성시킨 다음,

버무 리기 　5 고수와 쪽파를 넣어 양념으로 가볍게 버무린다.

더 맛있게 담그기

- 고수김치는 사찰에서 담가 먹는 김치로 젓갈 대신 청장을 사용하기도 한다.
- 고수향이 강하므로 사과를 넣으면 고수의 진한 향이 감소된다.
- 고수김치는 소량씩 담가 즉시 먹도록 한다.

남도여름김치

고추소박이

주재료

청고추
1 kg

절임

구운 소금
180 g(1컵)

양념소

무
500 g

양파
300 g(2개)

쪽파
50 g

사과
250 g(1개)

김치양념

고춧가루
60 g(6큰술)

마늘
30 g

생강
10 g

새우젓
40 g(2큰술)

찹쌀풀
70 g(⅓컵)

담그는 법

주재료 손질
1 고추의 꼭지가 달린 채로 씻어 휘어진 안쪽에 칼 집을 내어,

절임
2 물 4컵에 구운 소금 1컵을 풀고 고추와 섞어 봉 지에 넣어 4시간 동안 절인 다음 헹구지 않고 물 기를 뺀다.

양념소 손질
3 무, 양파, 사과는 2 ㎝ 길이로 채썰고, 쪽파는 2 ㎝ 길이로 썬다.

양념 만들기
4 무채는 고춧가루로 먼저 물들여 놓고, 양념을 갈 아 양념소를 넣고 버무려 간을 맞춘다.

버무리기
5 고추 속에 양념을 채워 넣고, 먹을 때 적당한 크 기로 썰어낸다.

더 맛있게 담그기

• 담근 후 바로 먹을 수 있기 때문 에 소량씩 담그는 것이 좋다.
• 오이고추를 사용하면 아삭거리 는 식감이 좋다.

고추 속에 무, 양파, 사과를 넣어 김치로 담그는

아삭거리는 고추김치

깻잎김치

주재료

깻잎
400 g

양념소

청고추
50 g(5개)

홍고추
50 g(3개)

김치양념

고춧가루
150 g(1½컵)

다시마육수
600 mL(3컵)

양파
150 g(1개)

마늘
30 g

생강
10 g

멸치액젓
100 mL(½컵)

청장
100 mL(½컵)

사과
250 g(1개)

고명

통깨
1큰술

주재료
손질
1 깻잎은 씻은 다음 차곡차곡 골라서 바구니에 세
워 놓고 물기를 뺀다.

절임 없음

양념소
손질
2 청고추, 홍고추는 동그랗고 얇게 썬다.

양념
만들기
3 양파, 마늘, 생강, 사과를 갈아 고춧가루, 멸치액
젓, 다시마육수, 청장, 청고추, 홍고추를 섞어 2
시간 동안 숙성시킨 다음,

버무
리기
4 깻잎 2장씩을 포개어 양념을 바른다.

더 맛있게 담그기

- 주재료를 절이지 않고 담그는 김치는 김치양
  념 간이 약간 강해야 먹을 때 간이 맞다.
- 다시마육수 : 다시마, 무, 양파, 고추씨 등에
  물 6컵을 넣고 3컵이 될 때까지 끓인다.
- 깻잎을 2장씩 놓고 양념을 발라야 한쪽 면
  만 양념이 발라져 짜지 않다.
- 깻잎김치를 담근 후 바로 냉장고에 넣으면
  쓴맛이 나므로 실온에 6시간 정도 두었다
  가 냉장보관하는 것이 좋다.

들깻잎의 진한 향과 깊은 맛이 있는

여름철 밑반찬 깻잎김치

남도여름김치

노각김치

재료 및 분량

주재료

노각
1 kg

절임

천일염
180 g(1컵)

양념소

양파
20 g

쪽파
30 g

김치양념

고춧가루
50 g(5큰술)

마늘
30 g

생강
7 g

까나리액젓
70 mL(⅓컵)

설탕
30 g(2큰술)

고명

통깨
1큰술

담그는 법

**주재료
손질**

1 노각은 길이로 2등분하여 씨를 제거한 다음 겉 껍질을 벗기고,

절임

2 노각 안쪽부분에 소금을 가득 채워 12시간 동안 절여 씻은 다음, 1 ㎝ 두께로 어슷썰어 물기를 뺀 다.

**양념소
손질**

3 쪽파는 3 ㎝ 길이로 썰고, 양파는 굵은 채로 썬 다.

**양념
만들기**

4 마늘, 생강을 갈아, 고춧가루, 설탕, 쪽파, 양파를 섞어 2시간 동안 숙성시킨 다음,

**버무
리기**

5 노각에 양념을 버무린다.

더 맛있게 담그기

- 씨를 깨끗하게 제거해야 쓴맛이 나지 않는다.
- 노각은 수분이 많기 때문에 12시간 절여서 물기를 빼야 사각하게 씹힌다.
- 노각무침은 노각 1 kg에 구운 소금 50 g과 설탕 2큰술을 넣어 절인 다음 씻지 않고 바구니에 부어 물기를 빼고, 김치양념을 넣어 버무린다.

늙은 오이의 씨를 파버리고 소금을 넣어 12시간 동안 절여 담근 노각김치

남도여름김치

오이소박이

주재료

백오이
1 kg

절임

구운 소금
30 g(3큰술)

양념소

부추
100 g

김치양념

고춧가루
80 g(⅔컵)

마늘
30 g

생강
10 g

멸치액젓
30 mL(2큰술)

새우젓
60 g(3큰술)

멥쌀풀
50 g(¼컵)

설탕
15 g(1큰술)

담그는 법

주재료
손질

1 오이는 껍질째 소금으로 비벼 씻어 양쪽으로 2
cm씩 남기고 칼집을 십(十)자로 길게 넣고,

절임

2 오이의 칼집 넣은 부분에 구운 소금을 넣어 1시
간 동안 절인 다음 헹구지 않고 바구니에 밭쳐
물기를 뺀다.

양념소
손질

3 부추는 2 cm 길이로 썬다.

양념
만들기

4 마늘, 생강, 새우젓, 멥쌀풀을 함께 갈아, 고춧가
루, 설탕, 부추를 섞어 2시간 숙성시킨 다음,

버무
리기

5 오이의 칼집에 양념을 넣는다.

더 맛있게 담그기

- 오이를 5 cm 길이로 썰어서 오이소
박이를 담그기도 한다.
- 숙성시키는 것보다 바로 먹으면 오
이향을 느낄 수 있다.
- 오이를 구운 소금으로 절여 헹구지
않고 바구니에 부어 물기를 뺀다.

여름철에 주로 생산되는 껍질이 부드러운

연두색 백오이에 부추양념소를 넣은 김치

오이물김치

주재료

오이
2 kg(10개)

절임

구운 소금
60 g(6큰술)

부재료

쪽파
100 g

청고추
50 g(5개)

홍고추
75 g(5개)

양파
150 g(1개)

밤
10개

물양념

청양고추
30 g(3개)

마늘
20 g

생강
10 g

멥쌀풀
30 g(2큰술)

오미자청
120 g(½컵)

물
2 L(10컵)

구운 소금
20 g(2큰술)

담그는 법

주재료 손질
1 오이는 껍질째 소금으로 비벼 씻어 양쪽으로 2 cm를 남기고 칼집을 십(十)자로 길게 넣고,

절임
2 오이의 칼집 넣은 부분에 구운 소금을 넣어 1시간 동안 절인 다음 물기를 뺀다.

부재료 손질
3 쪽파는 2 cm 길이로 썰고 청고추, 홍고추, 양파, 밤은 가늘게 썰어 구운 소금으로 간을 한다.

양념 만들기
4 물 2컵에 물양념을 넣고 갈아 고운체로 걸러 오미자청과 섞는다.

버무리기
5 오이의 칼집에 부재료를 넣고, ④를 부은 다음 물 2 L를 붓고 소금으로 간을 맞춘다.

더 맛있게 담그기

- 오이물김치는 익히지 않고 바로 먹는 것이 좋다.
- 마른 오미자를 불린 것보다 오미자청을 만들어 물김칫국으로 사용하면 분홍빛이 더욱 곱고 선명하다.

절인 오이에 양념소를 넣고 새콤달콤한

오미자청을 넣은 오이물김치

남도여름김치

부추김치(솔지)

 재료 및 분량

주재료

부추
1 kg

김치양념

마른 고추	홍고추	양파	마늘
40 g	15 g(1개)	50 g(⅓개)	10 g

생강	멸치젓	찹쌀풀	사과
5 g	60 g(3큰술)	15 g(1큰술)	250 g(1개)

고명

통깨
1큰술

담그는 법

주재료 손질
1 부추는 씻어, 물기를 빼고 15 ㎝ 길이로 썬다.

절임
없음

양념 만들기
2 마른 고추를 잘게 잘라 물에 씻은 다음 10분간 불려서 홍고추, 양파, 마늘, 생강, 멸치젓, 찹쌀풀과 사과를 함께 갈아 2시간 동안 숙성시킨다.

버무 리기
3 부추에 양념을 살살 버무린 다음 통깨를 으깨어 뿌린다.

더 맛있게 담그기

- 멸치액젓, 까나리액젓, 황석어액젓 등 액젓으로 부추를 절이기도 하며 무말랭이를 넣기도 한다.
- 부추김치에 사과말랭이를 넣으면 사과가 녹색채소의 풋내를 제거하여 향과 식감을 좋게 한다.
- 사과말랭이는 사과를 통째로 놓고 씨만 빼내어 얇게 썬 다음 도넛모양으로 썰어 말려서 사용한다.
- 사과말랭이에 양념을 먼저 버무리고 남은 양념을 부추에 버무린 다음 서로 섞는다.

남도여름김치

상추김치(불뚱지, 대궁김치)

재료 및 분량

주재료

재래종상추
1 kg

절임

천일염
20 g(2큰술)

양념소

쪽파
50 g

김치양념

고춧가루
10 g(1큰술)

홍고추
50 g(3개)

양파
30 g(1/5개)

마늘
30 g

생강
10 g

멸치젓
40 g(2큰술)

찹쌀풀
30 g(2큰술)

고명

통깨
1큰술

담그는 법

주재료 손질
1 재래종상추를 골라 겉잎은 떼어낸다. 줄기가 통통한 것은 씻어서 밀대로 상추줄기만 두들긴다.

절임
2 물에 소금을 녹여 상추를 잠시 담갔다가 건져낸다.

양념소 손질
3 쪽파는 3 ㎝ 길이로 썬다.

양념 만들기
4 홍고추, 양파, 마늘, 생강, 멸치젓을 함께 갈아, 고춧가루, 찹쌀풀, 쪽파를 섞어 2시간 동안 숙성시킨 다음,

버무리기
5 상추에 양념을 버무린다.

더 맛있게 담그기

- 전라도 향토음식으로 늦봄에 동이 선 재래종상추로 담근다.
- 쌉싸름한 맛이 입맛을 돋우고 상추 줄기의 식감이 좋다.
- 상추를 절이지 않고 바로 담그기도 하며, 쓴맛이 진하면 소금물에 3시간 동안 담가 쓴맛을 뺀다.
- 가사문학의 시조 송강 정철의 후손들은 400년 전부터 전해 내려오는 상추씨앗으로 재래종상추를 재배하여 상추김치를 담그고 있다.

상추꽃대가 나오기 전의 부드러운
재래종상추로 담근 불뚱지

남도여름김치

수박깍두기(무등산수박깍두기)

재료 및 분량

주재료

무등산수박
껍질 1 kg

절임

구운 소금
20 g(2큰술)

부재료

쪽파
100 g

김치양념

| 고춧가루 | 마늘 | 생강 | 멸치액젓 |
| 30 g(3큰술) | 30 g | 5 g | 15 mL(1큰술) |

담그는 법

**주재료
손질**
1 무등산수박 겉껍질의 초록색 부분을 도려내고 3
cm 크기로 깍둑썰기하여,

절임
2 구운 소금에 절여 헹구지 않고 체에 밭친다.

**부재료
손질**
3 쪽파는 3 cm 길이로 썬다.

**양념
만들기**
4 멸치액젓에 고춧가루를 혼합하고, 마늘, 생강을
갈아 섞은 뒤 2시간 동안 숙성시킨 다음,

**버무
리기**
5 무등산수박과 쪽파를 김치양념으로 버무린다.

더 맛있게 담그기

- 무등산에서 늦여름에 재배되는 무등산
수박은 박처럼 껍질이 두꺼워 흰 부분
만을 도려내어 소금으로 살짝 간하여
김치양념으로 버무려 담가 깍두기처럼
먹는다.
- 무등산수박의 생산량이 많지 않아 널
리 알려지지 않았으며, 먹을 것이 귀
하던 시절에는 수박을 먹고 남은 껍
질의 흰 부분만을 썰어 오이나물처
럼 볶아 먹기도 하였다.

수박 껍질의 흰 부분으로 담근 깍두기

박처럼 껍질이 두꺼운 무등산수박의 과육을 도려내고 남은

파김치(쪽파김치)

주재료

쪽파
2 kg

절임

멸치젓
160 g(⅔컵)

김치양념

고춧가루
100 g(1컵)

마늘
30 g

생강
10 g

찹쌀풀
100 g(½컵)

담그는 법

주재료 손질 1 쪽파는 25 ㎝ 길이로 골라 끝을 다듬어 마른 잎을 따내고 가지런히 썰어 물기를 뺀다.

절임 2 멸치젓 국물을 파의 머리부분에 뿌려 절인다.

부재료 손질 없음

양념 만들기 3 멸치젓 건더기, 마늘, 생강, 찹쌀풀을 갈아 고춧가루에 부어 2시간 동안 숙성시킨다.

버무 리기 4 쪽파에 양념을 넣고 버무려 10가닥씩 모아 똬리를 틀어 용기에 담는다.

더 맛있게 담그기

• 여름 쪽파는 연하므로 담가서 바로 먹으며, 가을 쪽파는 머리가 통통하면 매운맛이 강하므로 익혀서 먹는 것이 좋다.

가늘고 부드러운 여름철 쪽파에
멸치 젓갈을 넣어 담그 생김치

남도여름김치

청각김치

재료 및 분량

주재료

생청각
1 kg

절임

구운 소금
30 g(3큰술)

부재료

| 무 | 쪽파 | 삭힌 고추 |
| 500 g | 50 g | 100 g |

김치양념

| 홍고추 | 마늘 | 생강 | 고춧가루 |
| 200 g(13개) | 30 g | 10 g | 20 g(2큰술) |

| 멥쌀풀 | 매실청 | 멸치액젓 |
| 70 g(⅓컵) | 80 g(⅓컵) | 100 mL(½컵) |

담그는 법

주재료 손질
1 생청각을 끓는 물에 살짝 데쳐 씻은 다음,

절임
2 소금 15 g을 넣고 절인 뒤 물기를 뺀다.

부재료 손질
3 무는 5 ㎝ 길이의 굵은 채로 썰어 남은 소금, 설탕에 2시간 절여 물기를 뺀다. 쪽파는 2 ㎝ 길이로 썰고, 삭힌 고추는 어슷어슷 썬다.

양념 만들기
4 무를 고춧가루로 먼저 물들이고, 양념을 간 뒤 부재료와 섞어 3시간 동안 숙성시킨다.

버무리기
5 청각과 부재료에 양념을 넣고 버무린다.

더 맛있게 담그기

- 한여름철에 생청각을 말리기 전에 담그는 것이 좋다.
- 청각은 마른 고추보다 홍고추 양념이 더 잘 어울린다.
- 삭힌 고추 만드는 법
  ① 풋고추 끝을 조금만 자르고(소금물이 안으로 들어가게) 소금과 물을 1 : 2로 끓여 뜨거울 때 고추에 부어 밀봉한다.
  ② 일주일이 지나면 노랗게 삭혀지므로 음식에 사용한다.

청정한 남쪽 바다에서 막 따온 생청각에

삭힌 고추를 넣고 담근 전라도 향토음식

남도여름김치

남도 가을 김치

배추김치(가을) ※ 반지(나주반지) ※ 백김치 ※ 경종배추김치 ※ 배추속대김치(고갱이김치) ※ 늙은호박배추김치

꽃게보쌈김치 ※ 해물보쌈김치 ※ 깍두기(가을) ※ 비늘김치 ※ 무채김치(채지)

황석어젓섞박지 ※ 석류물김치 ※ 검들김치(올베무김치) ※ 홍갓김치 ※ 갓쌈김치

고들빼기김치 ※ 송어젓고추김치 ※ 고춧잎김치 ※ 골곰짠지 ※ 더덕김치

더덕물김치 ※ 도라지김치 ※ 도라지물김치 ※ 생각촉김치

연근김치 ※ 연근물김치 ※ 우엉김치

남도 가을김치 재료이야기

　가을은 각종 채소와 양념 등 모든 것이 풍요로운 수확의 계절로 무, 배추, 쪽파, 고들빼기, 갓 등 김치재료가 다양하며, 맛깔스러운 가을김치는 더욱더 입맛을 돋워준다.

　더위가 한풀 꺾이고 선선한 바람이 불기 시작하는 때이므로, 고추나 우엉 등으로 새로운 김치를 담가 먹는데, 9월에는 고추가 한창 약이 오르기 시작하므로 싱싱한 고추를 삭혀 김치를 담가 먹는 것도 좋다. 찬바람을 쐬어 맛있어지는 재료로 가을에 담그는 김치로는 고추김치, 파김치, 우엉김치 등이 있다.

가을배추

가을철 배추는 수분이 많고 단맛이 있다. 배추무게가 2.5~3 kg 정도, 겉잎이 푸르며 배추 속이 노랗고, 결구도가 80 %로 속이 꽉 찬 배추가 김치 담그기에 적합하다.

경종배추

배추의 길이가 길며, 잎이 크고 새파란 재래종배추로 속이 차지 않았으며, 잎과 줄기가 질기며 씹을수록 고소하고 단맛이 있다.

고갱이배추

고갱이는 식물의 줄기 한가운데에 있는 연한 심을 말하며, 배추의 겉잎은 거의 떼어내고 연한 속잎만 붙어 있는 배추로 담근 김치를 고갱이배추김치라고 한다.

가을무

8월에 파종하여 11월에 수확하는 가을무는 수분이 많고 단맛이 있다. 표면이 매끈하고 잔털이 많지 않은 중간크기 무로 묵직하고 단단한 것을 골라 김치를 담그는 것이 좋다.

검들무

김장철에 크고 좋은 무를 생산하고자 초가을에 꽃대가 올라오면 솎아낸 것을 검들무라고 하며, 주먹 크기의 무에 무청이 달려 있고, 가을철에 김치를 담가 먹기에 좋다.

갓

갓은 잎의 종류나 색깔에 따라 청갓, 홍갓, 돌산갓 등 여러 종류가 있는데, 청갓은 젓갈을 넉넉히 넣어 김치를 담그고, 홍갓은 김칫국의 붉은색과 시원한 맛, 김장의 부재료로 쓰이며, 1970년대 샐러드용 채소로 재배된 돌산갓으로 담근 김치는 여수 돌산 지역의 대표적인 향토음식이다.

고들빼기

잎이 짧고 뿌리가 통통하면서도 긴, 노지에서 재배된 고들빼기는 소금물에 절인 다음 5~6일 동안 쓴물을 빼고, 잎이 길고 뿌리가 작은 하우스에서 재배된 고들빼기는 소금물에 12시간 이하로 절이는 것이 좋다.

고춧잎

고춧잎이 무성할 때 뜯어 소금이나 간장, 젓국에 절였다가 장아찌나 김치를 담그거나, 말려서 무말랭이와 무쳐 먹는다. 소금에 살짝만 절여야 흐물흐물해지지 않는다.

늙은호박

가을에 노랗게 익은 호박의 껍질을 벗겨 김치를 담가두었다가 익혀 먹으면 시원한 국물 맛이 좋다.

더덕

더덕을 고를 때는 우선 향이 좋은 것을 고르고, 뿌리가 희고 굵으며 전체적으로 몸체가 곧게 뻗은 것이 쌉싸름한 맛과 약효가 좋다.

도라지

파종 후 2년 정도 되어 무게 25 g, 길이 20 ㎝의 것이 좋고, 모양은 통통하고 잔뿌리가 많고, 원뿌리로 갈라진 것이 좋다.

연근

연근 마디 사이에 상처가 없이 매끈하고 통통하며, 들었을 때 묵직하며 겉으로 봤을 때 흠집이 적은 것이 좋고, 너무 가는 것은 섬유질이 억세므로 피한다. 섬유질이 풍부해 소화기능을 촉진하고, 고혈압을 예방하는 효과가 있다.

우엉

껍질부분의 흙이 마르지 않고, 껍질의 패인 부분이 적고, 미끈하며, 눌렀을 때 딱딱한 것, 잔뿌리가 적은 것이 좋다. 우엉에 많이 함유되어 있는 섬유질은 변비예방에 도움을 준다.

꽃게

꽃게를 사용할 때는 신선도가 중요하며, 봄철에는 알이 찬 암게가, 가을에는 씹히는 맛이 조금 차지고 살이 쫄깃한 수게가 좋다.

새우를 소금에 절여 만든 젓갈로 시원하고 담백한 맛을 낸다. 새우젓은 담그는 시기에 따라 오월에 담그면 '오젓', 유월에 담그면 '육젓', 가을에 담그면 '추젓', 겨울에 담그면 '동백하젓'이라 부르며, 색깔이 희고 살이 통통하며 맛이 좋은 것은 육젓을 최고로 친다. 또한 보통 2~3월에 잡히는 보랏빛을 띠는 어린 새우를 사용하여 담근 젓갈을 '곤쟁이젓' 또는 '감동젓'이라 한다. 새우젓은 새우의 형태가 변하지 않고 굵고 살이 통통하며 단맛이 있으며 새우의 양끝이 붉고 잡어가 섞이지 않고 액즙이 맑고 젓국물이 많은 것이 좋다. 꽃새우젓은 꽃새우로 담근 새우젓으로 '북새우젓'이라고도 한다. 새우가 붉고 육젓보다도 크다. 토하젓은 민물 새우인 토하(土蝦)를 소금에 절여 담근 후 양념으로 무친 것이다. 다른 새우젓은 모두 바다에서 나는 것인 반면 이것은 유일하게 민물에서 나는 것으로 전라남도 나주 지역에서 많이 담근다.

새우젓

조기를 소금에 절여 삭힌 젓갈로 주로 5~6월에 조기가 많이 잡히므로 이때 젓갈을 많이 담근다. 조기젓은 젓국이 맑고 표면에 약간 누른빛이 나는 은빛을 띤다. 1년 이상 숙성시켜 조기젓국을 만든다.

조기젓

까나리에 소금을 넣고 절여 삭힌 젓갈로 다른 젓갈에 비해 비린내가 적고 맛이 깔끔하며 풍미가 좋다. 까나리는 5~7월 사이에 많이 잡혀 이때 잡은 것으로 담근 액젓이 가장 맛이 좋으며, 각종 김치와 찌개, 국, 나물무침, 찜 등에 간장 대신 사용하기도 한다. 열무김치, 오이김치 등 국물이 있는 김치를 담글 때 사용한다. 비린내도 나지 않고 담백한 맛이나는 까나리액젓은 간장 대용으로 사용해도 좋고, 우거짓국 끓일 때 된장 대신 넣으면 담백한 맛이 난다.

까나리액젓

배추김치(가을)

주재료

배추 8 kg
(3포기)

절임

천일염　　　　물
540 g(3컵)　　3L(15컵)

양념소

무채　　　　쪽파　　　홍갓
400 g　　　 100 g　　　100 g

김치양념

고춧가루　　마른 고추　　육수　　　　양파
400 g(4컵)　 100 g　　 600 mL(3컵)　300 g(2개)

마늘　　　　생강　　　 멸치젓
150 g　　　 30 g　　　 120 g(½컵)

새우젓　　　갈치젓　　 찹쌀죽　　　 배
120 g(½컵)　60 g(3큰술)　400 g(2컵)　300 g(1개)

담그는 법

주재료
손질

1 배추를 2부분으로 절단하여

절임

2 소금물에 배추를 30분간 담갔다가 배추 사이에 속소금을 뿌리고, 배추가 염수에 충분히 잠기도록 부어 8시간 동안 절인다. 절임이 끝나면 용기에 물이 넘쳐 흐르도록 해놓고 씻는다.

3 씻은 다음 4시간 동안 상온에서 물기를 뺀다.

양념소
손질

4 무는 채썰고 쪽파, 갓은 3 ㎝ 길이로 썬다.

양념
만들기

5 마른 고추를 잘게 잘라 물에 씻어 10분간 담근 다음 갈고 고춧가루, 찹쌀죽, 부재료 등 김치양념을 섞어 2시간 동안 숙성시킨다.

버무
리기

6 절인 배추잎 줄기부분에 김치소를 넣고 잎부분에 남은 양념을 퍼바른다. 용기에 담아 상온에서 12시간 동안 숙성시킨 다음 냉장보관한다.

더 맛있게 담그기

- 가을철 배추는 단맛이 나므로 절임을 짜지 않게 하기 위해, 2절한 배추를 염수에 30분간 담갔다가 속소금을 뿌려 8시간 정도 윗부분을 무겁게 눌러주면서 절인다.
- 김치의 육수 : 황태머리, 디포리, 무, 양파, 다시마, 대파를 넣어 육수를 만들며 김치양념과 풀을 쑬 때 사용한다.

배추의 단맛이 가장 좋은 가을에

젓갈을 많이 넣어

담근 전라도식 배추김치

반지(나주반지)

재료 및 분량

주재료

배추
5 kg(2포기)

절임

천일염
540 g(3컵)

물
2 L(10컵)

부재료

무
1 kg

해산물(산낙지)
2마리

전복
2개

굴
200 g

쪽파
100 g

밤
5개

대추
5개

배
300 g(1개)

불린 청각
100 g

석이버섯
5 g

잣
20 g

김치양념

홍고추
100 g(7개)

마늘
100 g

생강
30 g

멥쌀풀
140 g(⅔컵)

물양념

양지머리
500 g

대파 흰 부분
3개

물
5 L(25컵)

새우젓
240 g(1컵)

담그는 법

주재료 손질

1 배추는 푸른잎을 포함해서 반으로 자르고,

절임

2 물 10컵에 천일염 1½컵을 풀어 배추를 적신 다음, 줄기 쪽에만 남은 천일염을 켜켜이 뿌린 다음 소금물을 부어 8시간 동안 절인다.

부재료 손질

3 양지머리에 대파, 물 5L를 넣고 1시간 동안 고기가 물러지도록 삶아 4 L의 육수를 만든다.

4 무는 4 ㎝ 길이로 채썰고, 쪽파, 낙지는 2 ㎝ 길이로 썰고 전복, 배, 삶은 양지, 밤은 얄팍하게 썰고, 굴도 크지 않은 것으로 소금물에 씻어 물기를 빼고, 대추와 잣은 손질하여 고명으로 사용한다.

양념 만들기

5 양념을 갈아 체에 걸러서 부재료에 섞고, 새우젓은 건더기만 다져 넣는다.

버무리기

6 절인 배추 사이사이에 양념을 넣고 겉잎으로 속이 빠지지 않도록 감싸고, 속재료가 국물에 빠지면 탁해지므로 지푸라기로 묶는다.

7 하루가 지난 다음 기름기를 제거한 양지머리 육수에 새우젓 국물로 간을 맞추고 국물을 자작하게 붓는다. 국물이 붉게 물들면 먹는다.

더 맛있게 담그기

- 해산물(낙지, 전복)을 겨울에는 생으로 쓰지만 기온이 높을 때는 익혀서 쓰고 속재료가 많이 들어간 김치는 물러지기 쉽기 때문에 오래 두고 먹지 않도록 적당량만 사용한다.

낙지、전복、배 등을 넣고 붉은 국물이 자작하도록 담근

양반가에서 담가 먹던 나주시 향토음식

남도 가을김치

백김치

재료 및 분량

주재료

배추 5 kg
(2포기)

절임

천일염
540 g(3컵)

부재료

무
1 kg

밤
10개

대추
10개

홍고추(실고추)
60 g(4개)

쪽파
100 g

배
300 g(1개)

유자 껍질
1개

석이버섯
약간

김치양념

청양고추청
120 g(½컵)

마늘
50 g

생강
20 g

멥쌀풀
70 g(⅓컵)

새우젓
120 g(½컵)

물
200 mL(1컵)

늙은호박 삶은
물 2컵

담그는 법

**주재료
손질**

1 배추는 푸른잎을 뜯어내지 않고 반으로 쪼개어,

절임

2 물 10컵에 소금 1½컵을 풀어 배추를 적신 다음, 바깥부분 세 번째 잎부터 줄기부분에 소금을 뿌리고, 2잎 건너 한 번씩 소금을 뿌려 절인 다음 흐르는 물에 헹구어 물기를 뺀다.

**부재료
손질**

3 무, 배는 5 ㎝ 길이로 채썰고, 쪽파는 2 ㎝ 길이로 썬다. 밤, 대추, 유자껍질, 홍고추는 채썬다.

**양념
만들기**

4 양념을 갈아 부재료를 섞어 3시간 동안 숙성시킨 다음,

**버무
리기**

5 배추 겉잎을 2잎씩 떼어 따로 두고 배추잎 사이에 양념을 골고루 넣고, 겉잎으로 윗부분까지 잘 감싼 다음 용기에 넣어 하루 동안 실온에서 숙성시킨다.

6 물 1컵, 새우젓 ½컵을 넣고 팔팔 끓여 식힌 다음 체에 받쳐 늙은호박 삶은 물과 섞어 배추에 자작하게 붓는다.

7 석이버섯을 채썰어 고명으로 올린다.

더 맛있게 담그기

- 배추를 절일 때 겉잎은 소금물에 닿는 면적이 넓어 쉽게 절여지므로 속소금을 뿌리지 않고, 겉에서 세 번째 잎부터 소금을 뿌린다.
- 밤은 전분질을 제거하고 홍고추는 배추에 색을 물들이기 때문에 밤과 홍고추는 물로 헹구어낸 뒤 사용하도록 한다.
- 국물이 촉촉해야 배추 빛깔이 변하지 않는다.
- 배추속을 많이 넣으면 잘라놓을 때 지저분해지고 쉽게 물러지므로 많이 넣지 않는다.
- 고추청은 끝물 청양고추와 설탕을 6:4로 절여 3개월 후에 걸러 1년간 숙성시켜 양념에 넣으면 알싸한 매운맛을 낸다.

배와 늙은호박 삶은 물에 새우젓으로 간을 하여

시원한 국물맛이 우러난 백김치

경종배추김치

주재료

경종배추
5 kg

절임

천일염
450 g(2½컵)

양념소

쪽파
200 g

갓
100 g

불린 청각
50 g

김치양념

고춧가루
200 g(2컵)

마른 고추
200 g

마늘
100 g

생강
30 g

갈치젓
120 g
(½컵)

새우젓
60 g
(2큰술)

찹쌀풀
200 g
(1컵)

담그는 법

주재료 손질
1 경종배추는 겉잎을 다듬고 통째로 씻는다.

절임
2 물 1 L에 소금 1컵을 풀어 배추를 적신 다음, 속 부분에 소금을 뿌려 4시간 동안 절이고 흐르는 물에 씻어 물기를 뺀다.

양념소 손질
3 쪽파와 갓은 3 ㎝ 길이로 썰고, 불린 청각은 다진다.

양념 만들기
4 마른 고추, 마늘, 생강, 갈치젓, 새우젓을 갈아 고춧가루, 찹쌀풀에 섞고 양념소를 넣어 3시간 동안 숙성시킨 다음,

버무리기
5 절여진 배추의 안쪽부터 양념을 바르고 감싼다.

더 맛있게 담그기

- 경종배추는 폭이 차지 않으며 푸른 잎이 많고 길이가 긴 배추가 적합하다.
- 경종배추는 폭배추보다 고소한 맛이 강하므로 양념을 과하게 넣지 않도록 한다.

잎이 새파랗고 길이가 길며 씹는 맛이 고소한

늦가을에 담그는 전라도 향토음식

남도 가을 김치

배추속대김치(고갱이김치)

재료 및 분량

주재료

고갱이배추
2 kg

절임

천일염
120 g(⅔컵)

부재료

쪽파
100 g

미나리
50 g

배
150 g(½개)

김치양념

마른 고추
130 g

마늘
50 g

생강
20 g

불린 청각
30 g

민물토하새우
50 g

갈치젓
40 g(2큰술)

새우젓
20 g(1큰술)

찹쌀풀
100 g(½컵)

담그는 법

주재료 손질
1 배추속을 한 잎씩 떼어낸다.

절임
2 배추잎을 물에 적시고 소금을 뿌려 2시간 동안 절인 다음 흐르는 물에 3번 헹구어 물기를 뺀다. (배추 숨이 많이 죽지 않도록)

부재료 손질
3 쪽파, 미나리는 3 ㎝ 길이로 썰고 배는 나박나박 썬다.

양념 만들기
4 마른 고추는 씻어 불려 김치양념과 함께 갈아 3시간 숙성시킨 다음,

버무리기
5 절인 배추에 부재료를 넣어 양념에 버무린다.

더 맛있게 담그기

- 고갱이배추는 부드러우므로 살짝 절여 배추 숨이 많이 죽지 않도록 주의한다.
- 마른 고추 불리기 : 마른 고추는 꼭지를 따고 3번 씻어 물기가 있는 상태로 30분 간 두면 부드러워져 잘 갈아진다.
- 청각은 향도 좋지만 젓갈의 비린내를 감소시킨다.
- 찹쌀풀 쑤기 : 찹쌀가루 1컵 + 생콩가루 1큰술 + 물 6컵을 넣고 끓인다.

초가을 배추속이 차지 않았을 때

배추속대로 담가 먹는 김치

남도 가을김치

늙은호박배추김치

주재료

배추 5 kg
(2포기)

늙은호박
800 g

절임

천일염
540 g(3컵)

양념소

무
500 g

갓
100 g

미나리
50 g

김치양념

고춧가루
200 g(2컵)

생강
30 g

찹쌀가루
15 g(2큰술)

청장
300 mL(1½컵)

주재료 손질

1 배추를 다듬어 절반으로 쪼개고, 늙은호박은 껍질을 벗기고 씨를 제거한 다음 얄팍하게 썰고 물을 자작하게 부어 뭉그러질 정도로 끓인 다음 찹쌀가루를 넣고 한소끔 끓여 식힌다.

절임

2 물 10컵, 소금 1½컵을 풀어 배추를 적신 다음, 줄기부분만 소금을 뿌리고 비닐로 윗부분을 덮고 무거운 것을 올려 8시간 동안 절인 다음 흐르는 물에 씻어 8시간 동안 물기를 뺀다.

부재료 손질

3 무는 5 ㎝ 길이로 채썰고, 갓과 미나리는 3 ㎝ 길이로 썬다.

양념 만들기

4 호박죽에 고춧가루, 생강을 넣고 청장으로 간을 맞춘 뒤, 양념소와 섞어 2시간 동안 숙성시킨 다음,

버무리기

5 절인 배추 사이에 양념을 발라 겉잎으로 감싸 용기에 담는다.

더 맛있게 담그기

● 호박김치는 익으면 더욱 시원해지므로 비닐을 덮고 우거지를 올려 익을 때까지 공기를 차단해야 맛이 변하지 않는다.

설 명절 이후에 사찰에서

늙은호박죽과 청장을 넣고 담가 먹는 김치

꽃게보쌈김치

재료 및 분량

주재료

배추 8 kg
(3포기)

절임

천일염
540 g(3컵)

물
3 L(15컵)

양념소

무
400 g

쪽파
100 g

김치양념

고춧가루
400 g(4컵)

마른 고추
100 g

꽃게육수
500 mL(2½컵)

양파
300 g(2개)

마늘
150 g

생강
30 g

멸치액젓
50 mL(¼컵)

새우젓
240 g(1컵)

배
300 g(1개)

찹쌀풀
400 g(2컵)

꽃게살 300 g
(꽃게 3마리)

담그는 법

**주재료
손질**

1 배추는 겉잎을 떼고 밑부분을 자른 다음 뿌리 쪽에 ½의 칼집을 내어 손으로 쪼갠다.

절임

2 소금물에 적셔 배추잎 사이에 천일염을 뿌려 8시간 동안 절이면서 배추 윗부분을 무겁게 눌러 절인 다음, 흐르는 물에 씻어 바구니에 엎어 물기를 뺀다.

**양념소
손질**

3 무는 채썰고, 쪽파는 4 cm 길이로 썬다.

**양념
만들기**

4 꽃게살을 발라 생강즙, 청주를 뿌려 하루 동안 숙성시키고 마늘, 생강, 배, 양파, 새우젓 건더기를 간 다음, 고춧가루, 찹쌀풀, 멸치액젓, 새우젓, 꽃게살과 섞어 2시간 동안 숙성시킨다.

**버무
리기**

5 절인 배추 뒤쪽부터 배추잎 사이에 양념을 넣어서 겉잎으로 전체를 감싼 다음, 배추의 단면이 위로 오도록 항아리에 차곡차곡 눌러 담고 우거지를 덮는다.

6 배추줄기와 무를 3 cm 크기로 썰어 절인 다음 양념으로 버무려 게딱지에 넣고 양념한 배추잎으로 감싸서 보쌈김치를 담근다.

더 맛있게 담그기

- 꽃게살의 비린 맛을 없애기 위해 청주와 생강즙을 뿌린다.
- 꽃게살을 발라낸 다음 껍질과 꽃게 발은 육수를 만들 때 넣는다.
- 진도군에서는 꽃게, 해초류, 울금, 대파 등이 많이 생산되므로 꽃게를 넣어 김치를 담근다.

고소한 맛이 진한 진도군 꽃게배추김치

김치 양념에 꽃게 살과 육수를 넣어

해물보쌈김치

주재료

절임

배추 5 kg
(2포기)

무
1 kg

천일염
400 g(2½컵)

구운 소금
60 g(6큰술)

부재료

전복
3개

굴
200 g

낙지
2마리

대하
10마리

쪽파
50 g

갓
50 g

배
500 g(2개)

밤
5개

미나리
50 g

말린 표고버섯
10 g

석이버섯
10 g

대추
20 g

실고추
약간

잣
20 g

김치양념

고춧가루
150 g(1½컵)

마른 고추
50 g

육수
200 mL(1컵)

마늘
60 g

생강
20 g

새우젓
80 g(⅓컵)

찹쌀풀
100 g(½컵)

불린 청각
50 g

물
600 mL(3컵)

담그는 법

주재료 손질

1 배추는 겉잎부터 한 겹씩 뜯어내고, 배추속대와 무는 3×3×0.5 ㎝로 나박썰기를 한다.

절임

2 소금물은 배추 겉잎이 충분히 잠기도록 붓고, 웃소금을 뿌려 6시간 동안 절인 다음 헹구어 물기를 뺀다.

3 배추속대와 무는 구운 소금에 절여 헹구지 않고 체에 밭친다.

부재료 손질

4 전복은 솔로 문질러 씻고 내장을 제거하여 편으로 썰고, 낙지는 3 ㎝ 길이로 썰고, 대하는 껍질을 벗기고, 굴은 소금물에 헹구어 체에 밭친다.

5 쪽파, 갓, 미나리는 3 ㎝ 길이로 썰고, 배는 3×3×0.5 ㎝로 썰고, 대추, 불린 표고버섯은 채썰고, 밤은 편으로 썬다.

양념 만들기

6 마른 고추를 잘게 잘라 물에 씻어 10분간 담근 다음 마늘, 생강, 새우젓과 함께 갈고, 고춧가루를 육수에 넣어 불린 다음 모든 양념을 섞는다.

버무리기

7 배추속대, 무, 부재료에 양념을 골고루 버무린다.

8 국대접 크기의 그릇에 데친 미나리줄기를 십(十)자로 깔고, 배추 겉잎을 돌려 담아 그 위에 ⑦을 놓고 해물을 위로 오도록 하여 고명을 올리고 겉잎을 덮어 미나리로 묶는다.

9 3컵의 물로 남은 양념을 씻어내고 소금 간을 하여 용기에 붓는다.

더 맛있게 담그기

● 겨울철에 담그는 보쌈김치는 실온에서 1주일 동안 숙성시킨 다음 저온에 보관한다.

● 보쌈김치에 국물이 넉넉해야 숙성이 잘 이루어진다.

풍부한 해산물과 배추, 무가 어우러진 데다
국물이 자작하고 시원한 맛의 김치

남도가을김치

깍두기 (가을)

주재료

무
2 kg

절임

구운 소금
30 g(3큰술)

양념소

쪽파
50 g

김치양념

고춧가루
50 g(5큰술)

마늘
50 g

생강
10 g

멸치액젓
15 mL(1큰술)

새우젓
20 g(1큰술)

찹쌀풀
100 g(½컵)

담그는 법

**주재료
손질**
1 무는 3×3×3 ㎝로 썬다.

절임
2 무에 구운 소금을 뿌린 뒤 잘 섞어 1시간 동안 절여서 헹구지 않고 건진다.

**부재료
손질**
3 쪽파는 3 ㎝ 길이로 썬다.

**양념
만들기**
4 고춧가루, 멸치액젓, 새우젓, 마늘, 생강을 갈아 고춧가루, 멸치액젓, 쪽파에 혼합하여 2시간 동안 숙성시킨 다음,

**버무
리기**
5 무에 쪽파와 양념을 넣어 버무린다.

더 맛있게 담그기

- 가을무는 수분이 많고 단맛이 있어 단시간에 간을 한 다음 헹구지 않고 체에 밭쳐 물기를 빼고 양념에 버무려야 깍두기가 달고 맛있다.
- 여름에 담그는 깍두기는 무에 단맛이 적어 작게 썰며, 가을에 담그는 깍두기는 크게 써는 것이 좋다.

남도 가을김치

비늘김치

주재료

무
2 kg

절임

구운 소금
50 g(5큰술)

양념소

배추잎   미나리   쪽파
12장   30 g   50 g

밤   석이버섯
3개   2개

김치양념

고춧가루   생강   멸치액젓   찹쌀풀
50 g(5큰술)   10 g   45 mL(3큰술)   50 g(3큰술)

마늘
50 g

담그는 법

주재료 손질

1 무는 20 ㎝ 길이로 골라 잎을 떼어내고 껍질 있는 채로 씻어 길이로 2등분한다. 무를 껍질 쪽에 칼집을 어슷하게 3번 넣는다.

절임

2 무, 배추잎에 구운 소금을 뿌려 2시간 동안 절인 다음 건져 물기를 뺀다.

양념소 손질

3 미나리, 쪽파는 3 ㎝ 길이로 썰고 밤, 석이버섯은 채썬다.

양념 만들기

4 마늘, 생강, 새우젓을 갈아 고춧가루에 혼합하여 2시간 동안 숙성시킨다. 양념 ¼을 덜어내어 미나리와 쪽파를 버무려 양념소를 만든다.

버무리기

5 절인 무에 양념을 버무려 칼집 사이에 양념소를 채워 넣은 뒤 절인 배추잎으로 감싼다.

더 맛있게 담그기

• 비늘김치는 무에 비늘모양으로 칼집을 넣은 후 소를 채워 담근 김치이다.

무에 어슷하게 칼집을 넣고 사이에 양념을 채워 넣은 무김치

남도가을김치

무채김치 (채지)

주재료

무
1 kg

절임

멸치액젓
30 mL(2큰술)

부재료

쪽파
30 g

무청
50 g

김치양념

고춧가루
30 g(3큰술)

마늘
30 g

생강
6 g

구운 소금
약간

담그는 법

주재료 손질 1 무는 솔로 문질러 씻은 다음 밑동의 지저분한 부분을 칼로 벗겨낸 뒤 굵게 채썰고, 부드러운 무청을 떼내어 3 cm 길이로 썬다.

절임 2 멸치액젓을 뿌려 절인 다음, 체에 밭쳐 물기를 빼며, 이때 나온 국물은 양념을 만들 때 사용한다.

부재료 손질 3 쪽파와 미나리는 지저분한 겉잎을 떼고 흐르는 물에 씻어 3 cm 길이로 썬다.

양념 만들기 4 무를 절일 때 나온 액젓 국물에 분량의 재료를 섞어 양념을 만든다. 고춧가루가 불도록 10분간 둔다.

버무리기 5 무에 양념을 넣어 버무린 다음 구운 소금으로 간을 맞춘다.

더 맛있게 담그기

• 무생채는 무쳐서 익히지 않고 바로 먹어도 맛있지만, 살짝 익혀 새콤한 맛이 나면 뜨거운 밥 위에 얹어 먹어도 맛있다.

단맛과 수분이 많은 가을무로 채를 썰고 부드러운

무청잎을 넣어 담근 김치

남도 가을김치

황석어젓섞박지

재료 및 분량

주재료

무
5 kg

황석어젓
350 g

절임

구운 소금
50 g(5큰술)

부재료

쪽파
300 g

삭힌 고추
300 g(20개)

김치양념

고춧가루
150 g(1½컵)

마늘
50 g

생강
20 g

찹쌀죽
100 g(½컵)

황석어젓
국물

구운 소금
약간

담그는 법

주재료 손질
1 무는 10×10×4 ㎝ 크기로 썰고, 황석어젓(조기 젓)은 건더기를 건져 놓는다.

절임
2 무에 구운 소금을 뿌려 4시간 동안 절인 다음 헹구지 않고 체에 밭친다.

부재료 손질
3 쪽파는 통째로 구운 소금에 절인 다음 헹구지 않고 물기를 뺀다.

양념 만들기
4 황석어젓 국물에 찹쌀죽, 고춧가루를 넣어 2시간 동안 숙성시킨다.

버무리기
5 절인 무에 양념을 넣어 버무리다 삭힌 고추, 쪽파를 넣어 함께 버무린다. 항아리에 차곡차곡 담고 김치 버무린 그릇에 물과 구운 소금을 조금 넣어 그릇에 묻은 양념을 닦아 항아리에 붓고 절인 배추잎으로 우거지를 덮어 꾹꾹 눌러 익힌다.

더 맛있게 담그기

- 누런 빛깔의 석수어(石首魚)란 뜻으로, '참조기'를 달리 이르는 말이다.
- 음력 5월쯤 담가야 알배기로 맛있는 황석어젓을 담을 수 있다.
- 황석어의 모양이 삭아 보이지 않을 때까지 익힌 다음 먹는다.
- 보통 담근 지 40~50일 되면 맛있게 숙성된다.

제육섞박지 담그기

- 제육섞박지는 배추, 무를 이용하고 오랫동안 저장하지 않고 담근 다음 1주일 이내에 먹는 것이 좋다.
- 돼지고기는 찬물에 담가 핏물이 빠지면 물에 된장을 풀고 양파, 대파, 마늘, 생강을 넣고 삶아 식힌 뒤 썰어서 사용한다.

황석어(조기), 갈치, 밴댕이 젓갈 등을 많이 넣어

숙성시켜 먹는 저장용 김치

석류물김치

재료 및 분량

주재료

무
1 kg

배추잎
15장

절임

천일염
90 g(½컵)

구운 소금
20 g(2큰술)

부재료

청고추
30 g(3개)

홍고추
50 g(3개)

쪽파
50 g

밤
3개

석이버섯
3개

물양념

청양고추
50 g(5개)

마늘
30 g

생강
10 g

멥쌀풀
70 g(⅓컵)

배
150 g(½개)

물
500 mL(2½컵)

구운 소금
10 g(1큰술)

담그는 법

주재료 손질

1 무를 3 ㎝ 두께의 원통으로 썰어 한쪽 면만 1㎝ 간격으로 절반까지 격자모양으로 칼집을 넣는다.

절임

2 무를 구운 소금에 절이고, 배추잎을 소금에 절여 흐르는 물에 씻어 물기를 뺀다.

부재료 손질

3 청·홍고추, 밤, 석이버섯을 2 ㎝ 길이로 고운 채를 썰고, 쪽파는 잎부분만 살짝 절인다.

양념 만들기

4 양념을 갈아 고운체에 거른 다음,

버무리기

5 절인 무 격자 사이에 부재료를 채우고 절인 배추잎으로 감싸 속이 흐트러지지 않게 하고, 쪽파는 줄기에 잎을 감아 사이사이에 두고 자작하게 국물을 붓는다.

더 맛있게 담그기

- 손님상에 석류물김치를 낼 때 아래까지 칼집을 내어 먹기에 좋은 크기로 썬다.

검들김치(올베무김치)

재료 및 분량

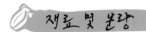

주재료

무청 달린 무
2 kg

절임

천일염
180 g(1컵)

부재료

쪽파
200 g

김치양념

마른 고추
100 g

홍고추
50 g(3개)

양파
150 g(1개)

마늘
50 g

생강 20 g

새우젓
60 g(3큰술)

멥쌀풀
100 g(½컵)

사과
250 g(1개)

담그는 법

주재료 손질

1 무청이 달린 부분을 다듬어 씻는다.

절임

2 무부분에만 소금을 뿌려 2시간 동안 절이다가, 잎부분도 함께 4시간 동안 절인 다음 흐르는 물에 한 번 헹구고, 무가 크면 절반을 쪼개어 물기를 뺀다.

부재료 손질

3 쪽파는 깨끗이 씻어 통째로 사용한다.

양념 만들기

4 마른 고추는 씻어 불려 양념과 함께 갈아 3시간 동안 숙성시킨 다음,

버무리기

5 무, 쪽파에 양념을 넣어 버무린 다음 한 번 먹을 만큼씩 똬리를 틀어 용기에 담는다.

더 맛있게 담그기

- 검들 또는 올베무는 무청이 달린 어린 무를 말하며 가을이 제철이다.
- 쪽파는 김치를 맛있게 익히는 재료이며, 열무 등 엽채류 김치는 사과를 넣으면 풋내를 감소시킨다.

김장무를 재배할 때 솎아낸 주먹크기의 무에

무청이 달린 어린 무로 담근 김치

홍갓김치

주재료

홍갓
2 kg

절임

천일염
180 g(1컵)

양념소

쪽파
500 g

김치양념

마른 고추 130 g	마늘 50 g	생강 20 g	갈치젓 60 g(3큰술)

새우젓 40 g(2큰술)	멸치젓 20 g(1큰술)	찹쌀풀 100 g(½컵)	사과 250 g(1개)

주재료 손질	1 홍갓을 통째로 다듬어 살살 씻는다.
절임	2 줄기부분에 소금을 뿌려 3시간 동안 절여 흐르는 물에 헹구어 물기를 뺀다.
양념소 손질	3 쪽파는 절이지 않고 생으로 사용한다.
양념 만들기	4 마른 고추는 씻어 불린 다음 양념과 함께 갈아 3시간 동안 숙성시킨다.
버무리기	5 절인 홍갓과 쪽파에 양념을 넣어 버무리고 한 번 먹을 양만큼 똬리를 틀어 용기에 담는다.

더 맛있게 담그기

- 홍갓은 줄기가 굵어도 부드럽기 때문에 굵은 것이 좋다.
- 갓을 너무 많이 절이면 질겨지므로 줄기만 절이며, 젓갈은 생젓을 넣어야 김치의 맛이 좋다.

홍갓 특유의 향과 매운맛이 진하며

젓갈을 녁녁히 넣어 담그는 김치

갓쌈김치

주재료

홍갓
2 kg

양념소

무   쪽파   미나리
500 g   100 g   50 g

숭어살   사과
200 g   250 g(1개)

김치양념

고춧가루   마늘   생강   생새우
100 g(1컵) 50 g   20 g   100 g

갈치젓   새우젓   찹쌀풀
40 g(2큰술)   20 g(1큰술)   100 g(½ 컵)

주재료 손질
1 잎이 넓은 갓을 씻어, 잎과 줄기를 분리하고 물기를 뺀다.

절임 없음

양념소 손질
2 무와 사과는 2 ㎝ 길이로 채썰고, 갓줄기, 쪽파, 미나리는 2 ㎝ 길이로 썰고, 숭어는 얄팍하게 포를 뜬다.

양념 만들기
3 양념을 갈아 고춧가루에 섞어 3시간 동안 숙성시킨다.

버무리기
4 준비된 양념소에 양념을 버무린 다음, 갓잎을 놓고 양념소, 갓잎, 양념소를 반복하며 10장씩 켜켜이 쌓는다.
5 먹을 때 한 잎씩 말아 먹기 좋게 그릇에 담는다.

더 맛있게 담그기

• 양념소 재료를 너무 많이 넣으면 먹기 불편하므로 적당량만 넣는다.

가을이면 손님상에 가장 멋지게 내 놓을 수 있는

정성 가득한 갓쌈김치

남도가을김치

고들빼기김치

재료 및 분량

주재료

고들빼기
3 kg

절임

천일염
180 g(1컵)

양념소

쪽파
500 g

김치양념

고춧가루
70 g(⅔컵)

마른 고추 200 g

육수
120 mL(½컵)

마늘
45 g

생강
10 g

멸치젓
120 g(½컵)

새우젓
240 g(½컵)

찹쌀풀
100 g(½컵)

배
300 g(1개)

매실청
240 g(1컵)

물엿
90 g(⅓컵)

통깨
1큰술

담그는 법

주재료 손질
1 고들빼기 뿌리의 흙을 털어 씻고,

절임
2 소금을 켜켜이 뿌린 다음 물 500 mL를 부어 절인다(여름은 5시간, 겨울은 12시간). 중간에 뒤집어준다.

양념소 손질
3 쪽파는 씻어 모양 그대로 사용한다.

양념 만들기
4 마른 고추를 물에 씻어 마늘, 생강, 멸치젓, 새우젓, 배와 함께 갈아 고춧가루, 찹쌀풀, 매실청과 섞는다.

버무리기
5 물기를 뺀 고들빼기에 쪽파를 넣어 양념으로 고루 버무린 다음 물엿과 통깨를 넣고 한 번 더 버무린다.

더 맛있게 담그기

- 전라남도의 화순, 순천 개랭이권역에서 많이 생산되는 고들빼기는 뿌리가 크고 잎이 짧으며 쓴맛이 덜하고 인삼과도 같다.
- 소금물이나 쌀뜨물에 너무 오래 담가두면 고들빼기의 쓴맛이 너무 빠지고 물컹거려 맛이 감소한다.
- 고들빼기김치는 익혀야 제맛을 느낄 수 있으므로 용기에 공기가 들어가지 않게 잘 보관한다.

씁싸름한 맛과 향이 인삼을 씹을 때와 비슷하여 〈인삼김치〉라고도 불리는 전라도 향토음식

송어젓고추김치

재료 및 분량

주재료

고추
1 kg

송어젓
300 g

부재료

무
1 kg

쪽파
100 g

김치양념

고춧가루
100 g(1컵)

마늘
100 g

생강
30 g

불린 청각
100 g

찹쌀풀
100 g(½컵)

담그는 법

**주재료
손질**

1 고추를 씻어 한두 군데 바늘로 찔러 구멍을 낸
다.

절임

2 송어젓에 섞어서 무거운 것으로 눌러 한 달 정도
삭힌다.

**부재료
손질**

3 무는 3×6×2 ㎝로 썰어 소금에 절였다가 수분
을 뺀 다음 하루 정도 꾸덕꾸덕하게 말리고, 쪽
파는 절이지 않고 그대로 사용한다.

**양념
만들기**

4 송어젓 국물에 고춧가루를 불리고 양념을 믹서
에 갈아 3시간 동안 숙성시킨 다음,

**버무
리기**

5 송어젓, 무, 쪽파를 양념에 버무리고, 불린 청각
을 용기 아래에 넣어 젓갈 냄새를 줄인다.

더 맛있게 담그기

- 고추를 따로 삭혀서 젓갈과 함께 담
글 수도 있다.
- 삭힌 고추는 재료의 1.5배의 물에 소
금을 타서 고추를 넣고 무거운 돌로
눌러서 삭힌 것을 말한다.

여름에 입맛 없을 때 밥에 물을 말아 함께 먹는

젓갈로 고추를 삭혀 담그는김치

고춧잎김치

주재료

끝물고추,
고춧잎 1 kg

절임

천일염
180 g(1컵)

부재료

무말랭이　　　쪽파
200 g　　　　100 g

김치양념

홍고추　　　마늘　　　생강　　　찹쌀풀
300 g(20개)　50 g　　　20 g　　　100 g(½컵)

갈치젓　　　　새우젓　　　　멸치젓
60 g(3큰술)　40 g(2큰술)　40 g(2큰술)

담그는 법

주재료
손질　　1 가을에 끝물인 고추와 달려 있는 고춧잎의 질긴
　　　　　　줄기를 제거하고 살짝 씻어,

절임　　2 소금물에 담가 무거운 돌로 눌러 한 달 동안 삭
　　　　　　힌다. 삭힌 고춧잎은 여러 번 씻어 짠맛을 우려
　　　　　　낸 다음 물기를 뺀다.

부재료
손질　　3 무말랭이는 가볍게 씻어 액젓에 버무려 불리고,
　　　　　　쪽파는 3 ㎝ 길이로 썬다.

양념
만들기　4 양념을 갈아 3시간 동안 숙성시킨 다음,

버무
리기　　5 삭힌 고추, 삭힌 고춧잎, 무말랭이에 양념을 넣
　　　　　　어 버무린다.

더 맛있게 담그기

- 김장 때 남은 양념으로 담그면
맛도 좋고 고춧잎김치를 담글
수 있는 적기이다.

남도 가을김치

골곰짠지

주재료

말린 무청
150 g

무말랭이
100 g

절인 고추,
고춧잎 500 g

절인 풋마늘,
마늘종 500 g

절임

갈치액젓
100 mL(½컵)

부재료

쪽파
200 g

불린 청각
100 g

김치양념

고춧가루
50 g(5큰술)

고추청
240 g(1컵)

마늘
50 g

생강
20 g

통갈치젓
80 g(⅓컵)

찹쌀풀
200 g(1컵)

담그는 법

주재료 손질

1 가을무청은 씻어 소금에 잠깐 절였다가 헹구어 물기를 빼고 꾸덕꾸덕하게 말리고,

절임

2 무말랭이는 가볍게 씻어, 액젓, 고추청에 버무려 불린다.

3 고춧잎, 고추, 풋마늘, 마늘종 절인 것은 여러 번 씻어 짠맛을 줄여 물기를 뺀다.

부재료 손질

4 불린 청각은 잘게 다지고, 쪽파는 그대로 사용한다.

양념 만들기

5 고추청과 찹쌀풀에 고춧가루를 불렸다가 마늘, 생강을 갈아 섞어 2시간 동안 숙성시킨 다음,

버무리기

6 모든 재료에 양념을 넣어 버무린다.

더 맛있게 담그기

• 말린 채소가 많으므로 국물이 넉넉해야 촉촉한 김치를 유지할 수 있다.
• 김장 때 담가 봄에 먹으면 좋은 김치이다.
• 오랜 시간 물러지지 않게 재료를 통째로 담갔다가 먹을 때 잘라낸다.
• 고추청은 끝물 청양고추와 설탕을 6:4로 절여 3개월 후에 걸러 1년간 숙성시켜 양념에 넣으면 알싸한 매운맛을 낸다.

무청과 무말랭이, 고추와 고춧잎, 풋마늘과 마늘종 등

말린 채소를 소금에 절여 담근 짭짤한 김치

남도 가을 김치

더덕김치

재료 및 분량

주재료

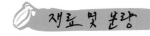

더덕
1 kg

절임

멸치액젓
70 mL(⅓컵)

부재료

쪽파	배	밤
50 g	300 g(1개)	5개

김치양념

고춧가루	양파	마늘	생강
60 g(6큰술)	70 g(½개)	30 g	10 g

찹쌀풀	꿀
30 g(2큰술)	40 g(2큰술)

담그는 법

주재료 손질   *1* 더덕의 껍질을 통째로 벗겨 밀대로 밀어 부드럽게 한 다음,

절임   *2* 액젓으로 절인다.

부재료 손질   *3* 쪽파는 5 ㎝ 길이로 썰고, 배는 5 ㎝ 길이로 채 썰고, 밤은 편으로 썬다.

양념 만들기   *4* 양념을 갈아 2시간 동안 숙성시킨 다음,

버무리기   *5* 더덕과 부재료에 양념을 넣어 버무린다.

더 맛있게 담그기

- 오랫동안 보관하여 두고 먹으면 배가 물러지므로 배즙을 넣어도 좋다.

가을철 향이 진한

더덕으로 담근 김치

더덕물김치

주재료

더덕
1 kg

무
500 g

절임

구운 소금
30 g(3큰술)

부재료

홍고추
50 g(3개)

쪽파
50 g

밤
1개

미나리
100 g

물양념

청양고추
100 g(10개)

마늘
30 g

생강
10 g

잣
50 g

꿀
40 g(2큰술)

물
1 L(5컵)

구운 소금
10 g(1큰술)

담그는 법

주재료 손질
1 더덕은 껍질을 벗기고, 무는 원형 그대로 얇게 썬다.

절임
2 더덕은 소금물에 2시간 동안 절여 부드러워지면 밀대를 밀어 가늘게 찢고, 무는 소금물에 20분 정도 절여 물기를 뺀다.

부재료 손질
3 홍고추, 밤은 3 ㎝ 길이로 채썰고, 쪽파는 3 ㎝ 길이로 썬다. 미나리는 잎을 떼어내고 줄기만 소금에 절인다.

양념 만들기
4 양념을 갈아 체에 거르고 재료와 동량의 물을 만들어 소금으로 간한다.

버무리기
5 절인 무에 더덕, 쪽파, 홍고추, 밤을 넣고 말아 미나리로 묶어준 다음 물양념을 붓는다.

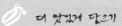

더 맛있게 담그기

• 오래 두면 맛이 변하므로 적은 양을 자주 담그는 것이 좋다.

향이 진하고 단맛이 있는

채 썬 더덕을 무로 감싸서 담근 물김치

남도가을김치

198 199

도라지김치

주재료

통도라지
1 kg

절임

천일염　　　　　식초
120 g(⅔컵)　　30 mL(2큰술)

부재료

쪽파
50 g

김치양념

홍고추　　　고춧가루　　　배　　　마늘
100 g(7개)　10 g(1큰술)　150 g(½개)　30 g

생강　　　새우젓　　　찹쌀풀
10 g　　7 g(1작은술)　70 g(⅓컵)

**주재료
손질**

1 껍질 벗긴 통도라지를 적당한 크기로 잘라,

절임

2 소금물에 식초를 타서 3시간 동안 절이고, 맑은 물에 한 번 헹구어 물기를 뺀다.

**부재료
손질**

3 쪽파는 3 ㎝ 길이로 썬다.

**양념
만들기**

4 양념을 갈아 2시간 동안 숙성시킨 다음,

**버무
리기**

5 도라지, 쪽파에 양념을 버무린다.

더 맛있게 담그기

• 가을에 캐낸 도라지는 쓴맛이 적기 때문에 김치용으로 적합하다.

가을철에 향과 맛이 좋으며

비타민과 무기질의 공급원이 되는 도라지김치

도라지물김치

재료 및 분량

주재료

통도라지
1 kg

절임

천일염
120 g(⅔컵)

식초
30 mL(2큰술)

부재료

쪽파
50 g

빨간 파프리카
80 g(1개)

노란 파프리카
80 g(1개)

마늘종
10줄

물양념

청양고추
50 g(5개)

마늘
30 g

생강
10 g

멥쌀풀
30 g(2큰술)

오미자청
120 g(½컵)

물
1 L(5컵)

구운 소금
10 g(1큰술)

담그는 법

주재료 손질
1 통도라지를 굵은 채로 썬 다음,

절임
2 소금, 식초물에 1시간 동안 절인다.

부재료 손질
3 쪽파는 소금에 절이고, 파프리카는 도라지 굵기로 채썰고, 마늘종은 길이로 절반으로 나누어 절인 다음 맑은 물에 한 번 헹구어 물기를 뺀다.

양념 만들기
4 청양고추, 마늘, 생강, 멥쌀풀을 갈아 거른 다음 오미자청을 넣고 재료와 동량의 물을 부어 소금으로 간을 맞춘다.

버무리기
5 도라지 2줄에, 파프리카를 색색으로 모아 마늘종으로 묶은 다음 용기에 담아 국물을 붓고 쪽파를 띄운다.

더 맛있게 담그기

- 가을에 캐낸 도라지는 쓴맛이 적기 때문에 김치용으로 적합하다.
- 오미자청 : 오미자와 설탕을 동량으로 버무려 3개월 후에 거른 다음, 1년간 숙성시킬 때 어두운 곳에 보관하여 색이 어두워지는 것을 방지하며, 재료가 물러지지 않고 물김치의 색을 곱게 한다.

몸에 좋은 약용식품 도라지를
새콤달콤하게 절여 담근 김치

남도 가을김치

생강촉김치

주재료

생강촉(뿌리)
600 g

절임

천일염　　　　　물
50 g(5큰술)　　 1 L(5컵)

부재료

쪽파
20 g

물양념

홍고추　　　마늘　　　물
45 g(3개)　 10 g　　 1 L(5컵)

청장　　　　　구운 소금
15 mL(1큰술)　3 g(1작은술)

담그는 법

주재료 손질	1 어린 생강뿌리와 겉잎을 벗겨낸 속줄기를 씻어 0.2 ㎝ 두께 편으로 썬다.
절임	2 생강을 뜨거운 물에 한번 헹구고, 소금물에 1시간 동안 절인 다음 씻어 물기를 뺀다.
부재료 손질	3 쪽파는 3 ㎝ 길이로 썰고,
양념 만들기	4 분량의 양념에 물을 붓고 갈아 체에 거른 다음, 청장과 소금으로 간을 맞춘다.
버무 리기	5 생강과 쪽파를 섞고 양념을 붓는다.

더 맛있게 담그기

- 절인 생강을 토하젓에 버무려도 맛이 좋다.
- 생강은 약리작용이 있으며 얼큰하고 식욕을 돋우며 소화가 잘 된다.
- 가을에 나오는 햇생강은 통통하고 수분이 많아 생강 특유의 매운맛이 덜하다.

상큼한 향과 알싸한 단맛이 나는

어린 생강뿌리와 줄기로 담근 물김치

남도가을김치

연근김치

주재료

연근
1 kg

절임

멸치액젓
100 mL(½컵)

매실청
120 g(½컵)

부재료

쪽파
50 g

쌀뜨물
600 mL(3컵)

감초
3개

김치양념

고춧가루
80 g(⅔컵)

마늘
30 g

생강
10 g

들깨풀
70 g(⅓컵)

주재료 손질

1 연근은 겉껍질을 벗겨 0.3 ㎝ 두께로 썰어 쌀뜨물, 감초에 3시간 동안 담갔다가 흐르는 물에 한 번 씻어 물기를 뺀다.

절임

2 물기를 뺀 연근은 액젓, 매실청으로 절인다.

부재료 손질

3 쪽파는 3 ㎝ 길이로 썬다.

양념 만들기

4 들깨풀에 고춧가루를 불리고 마늘, 생강을 갈아 섞어 2시간 동안 숙성시킨 다음,

버무 리기

5 연근, 쪽파에 양념을 넣어 버무린다.

더 맛있게 담그기

- 막 캐낸 연근은 수분이 많아서 김치를 담그는 데 적합하다.
- 연근과 사과는 서로의 맛을 상승시키는 효과가 있어 말린 사과를 넣어 담그기도 한다.
- 사과는 2쪽으로 나누어 0.5 ㎝ 두께의 연근 크기로 썰어 연한 설탕물에 담갔다가 건져 꾸덕꾸덕하게 말린다.

남도가을김치

연근물김치

주재료

연근
1 kg

절임

| 쌀뜨물 600 mL(3컵) | 감초 3개 | 구운 소금 20 g(2큰술) |

부재료

쪽파
50 g

물양념

| 청양고추 50 g(5개) | 마늘 30 g | 생강 10 g | 멥쌀풀 70 g(⅓컵) |

| 배 300 g(1개) | 매실청 80 g(⅓컵) | 물 1 L(5컵) | 구운 소금 10 g(1큰술) |

물들임

| 마른 맨드라미 30 g | 치자 3개 | 부추 50 g |

주재료 손질 1 연근의 겉껍질을 벗겨 2 ㎝ 두께로 썰어 쌀뜨물, 감초에 3시간을 담가 놓는다.

절임 2 흐르는 물에 한 번 씻어 구운 소금으로 절인다.

물들임 3 연근 3색 내기(물들임)
　　① 맨드라미 : 물 1컵을 70℃로 데워 마른 맨드라미에 부어 3시간 동안 우려낸다.
　　② 치자 : 물 ½컵에 치자 3개를 깨서 1시간 동안 우려낸다.
　　③ 녹색 : 물 ½컵에 부추를 넣고 갈아서 걸러낸다.
4 절인 연근을 ③의 우려낸 물에 담가 2시간 동안 물을 들이고 원하는 색깔이 되면 물색이 서로 혼합되지 않도록 각각 찬물에 헹군다.

부재료 손질 5 쪽파는 소금물에 살짝 절여 감는다.

양념 만들기 6 양념을 갈아 체에 거른 다음, 재료와 동량의 물을 붓고 소금으로 간을 한다.

버무 리기 7 연근에 물양념을 붓는다.

더 맛있게 담그기

- 연근을 감초물에 담가두면 아린 맛이 줄어든다.
- 연근은 데쳐서 김치를 담그면 뻑뻑해지므로 생연근으로 담근다.

약리 효과가 있고 아삭거리며 씹히는

고운 오색빛의 연근물김치

남도 가을 김치

우엉김치

재료 및 분량

주재료

우엉
1 kg

절임

멸치액젓
70 mL(⅓컵)

매실청
40 g(2큰술)

쌀뜨물
600 mL(3컵)

감초
3개

부재료

쪽파
50 g

김치양념

고춧가루
80 g(⅔컵)

마늘
30 g

생강
10 g

들깨풀
70 g(⅓컵)

담그는 법

주재료 손질
1 우엉은 속심이 생기지 않는 것으로 겉껍질을 벗겨 4×0.5 ㎝ 두께로 어슷하게 썰어 쌀뜨물, 감초 넣은 물에 2시간 동안 담그고,

절임
2 흐르는 물에 한 번 씻어 물기를 빼고 액젓, 매실청으로 절인다.

부재료 손질
3 쪽파는 통째로 소금물에 절여 하나씩 감아준다.

양념 만들기
4 양념을 갈아 고춧가루를 섞은 뒤 2시간 동안 숙성시킨 다음,

버무리기
5 우엉, 쪽파에 양념을 넣어 버무린다.

더 맛있게 담그기

- 우엉김치는 오래 두고 먹으려면 생으로 담그고 바로 먹으려면 우엉을 찜통에 5분 동안 쪄서 양념에 버무린다.

달콤한 맛과 독특한 향이 나고

식이섬유소가 많은 우엉김치

남도가을김치

남도 겨울 김치

배추김치(김장, 묵은지)   무동치미(싱건지)   빠개지   굴깍두기   숙깍두기(살망지)   홍갓무김치

파김치(대파김치)   시금치김치   물파래김치(파래지)   감태김치(감태지)   꼬시래기김치

톳고구마김치   해초모둠물김치

남도 겨울김치 재료이야기

　겨울김치는 김장문화로 대표된다. 집안 식구나 마을 사람들이 모두 모여 밭에서 배추를 뽑고 절여 20여 가지의 재료로 만든 양념으로 비벼 흰쌀밥, 수육과 함께 동네잔치를 하는 김장은 춥고 긴 겨울부터 이듬해 봄까지의 식량이 되는 많은 양의 김치를 담그고 나누는 문화이다. 남도에서는 김장김치 속에 무를 크게 썰어 넣어 숙성시켜 먹는 빠개지가 일품이다. 무가 가장 맛있는 계절에 초롱무로 담그는 싱건지(동치미)는 겨울철을 대표하는 물김치이며 살얼음 언 시원한 동치미 국물은 잊을 수 없는 맛이다. 해풍을 맞고 자란 시금치로 담근 시금치김치, 청정한 바다에서 채취한 감태, 파래, 꼬시래기, 톳 등으로 담근 해초김치가 있다.

겨울배추

겨울배추는 모양이 고르고, 진한 녹색으로 겉잎이 얇고 넓으며, 두껍지 않은 것으로 눌렀을 때 단단하고 묵직한 것이 더 좋다. 묵은지를 담글 때는 양념을 적게 넣고, 발효되지 않은 해물은 넣지 않는 것이 좋다.

겨울무

동치미용 무는 11월 중순이 지나 작고 무청이 달린 중간크기 무로 표면이 매끈하고 단단한 것을 고른다. 동치미는 낮은 온도에서 서서히 익혀야 국물이 맑고 개운하므로, 바깥에서 익힌 다음 냉장보관한다.

굴

신선한 굴은 빛깔이 맑고 선명하며 광택이 나고, 테두리 색이 진하고 만져보면 탄력이 있다. 자연산굴은 크기가 작아 그대로 사용하고, 양식굴은 잘게 썰어 소에 넣는다.

쪽파

쪽파는 줄기가 억세지 않고 흰 부분이 많으며 길이는 짧고 뿌리부분이 둥글고 통통한 것을 고른다.

시금치

햇볕을 충분히 받고 추위를 견딘 노지 시금치로 땅바닥에 붙은 듯 퍼져 자라며, 잎이 짧고 세모모양이며, 뿌리가 붉은 단단한 것을 고른다.

파래

11월부터 이듬해 2월까지가 제철이며 선명한 초록색을 띠고 윤기가 돌며 바다냄새가 나는 것을 고른다. 미끈거리는 것은 싱싱하지 않다. 파래는 가늘어 씻을 때 손실되는 양이 많으므로 바구니 안에 넣고 씻는다.

감태

맛이 쌉싸름하고 씹히는 촉감이 거칠며, 파래보다 가늘고 매생이보다 굵다. 겨울철에 소량 생산된다. 제철이 아니면 감태는 말린 것을 구입하여 사용한다.

꼬시래기

바다의 냉면이라 불리는 꼬시래기는 늦봄에서 초여름에 수확하여, 주로 염장하여 판매하므로 소금기를 잘 씻어 끓는 물에 30초 정도 담갔다가 건져서 사용한다.

톳

봄부터 여름에 채취하여 여름철 햇볕에 말려 유통하므로 가을이나 겨울에는 말린 것을 사용한다. 말린 것은 30분간 불려 끓는 물에 데쳐서 사용한다.

가사리

우뭇가사리과에 속한 바닷말로 색깔은 검붉으며 바닷속 바위에 붙어 자란다. 한천과 우무묵을 만드는 원료로서 옥수수수염처럼 생겼으며, 4월부터 6월에 채취하여 햇볕에 말려 유통한다.

쇠미역

곰피라고도 하며, 다시마처럼 한 줄기로 되어 있고 잎의 모양이 둥글며 표면이 올록볼록하고 구멍이 뚫려 있다. 끓는 물에 살짝 데쳐 찬물에 행군 다음 사용한다.

멸치젓

멸치를 소금에 절여 삭힌 젓갈로 새우젓과 함께 가장 많이 이용되며, 봄에 담근 것을 춘젓, 가을에 담근 것을 추젓이라 하는데, 5~6월에 잡히는 멸치로 만든 춘젓이 가장 좋다. 멸치젓을 고를 때에는 뼈가 보이지 않을 정도로 푹 삭아 비린내가 나지 않고 달착지근한 맛을 내며 거무스름한 색을 띠면서도 붉은빛이 도는 것이 좋은 젓갈이다.

멸치젓은 종류에 따라 멸치생젓, 멸치액젓, 멸치진젓으로 나뉜다. 보통 멸치젓이라 불리는 멸치생젓은 멸치를 소금에 절여 삭힌 젓갈로 새우젓과 함께 가장 많이 쓰며 구수한 맛을 낸다.

멸치액젓은 싱싱한 멸치를 소금으로 버무려 옹기에 담고 숙성시키면 위로 뜨는 맑은 물이 멸치액젓이다. 흐물흐물한 건더기는 끓이거나 갈아서 쓰고 국물은 따로 걸러 쓰는데 삭힌 멸치젓에서 걸러낸 국물은 더 맑게 쓰기 위해 건더기가 없도록 한지에 맑게 걸러 쓴다. 맑은 빛깔을 띠며 먹어보면 비린내가 없고 단맛이 나는 것이 좋다.

멸치진젓은 멸치가 한창인 6월에 10 ㎝ 정도 크기의 막 잡아 올린 통통하고 싱싱한 것을 골라 굵은소금과 1:1 비율로 넣어 고루 버무린다. 항아리에 담고 위를 눌러 서늘한 곳에 두고 곰삭힌다. 뼈가 보이지 않도록 오래 곰삭힌 것을 건더기를 거르지 않고 김치에 넣는데 숙성과 발효과정을 거치면서 깊고 풍부한 감칠맛이 난다.

황석어젓

황석어를 소금에 절여 삭힌 젓갈로 새우젓, 멸치젓과 함께 김장김치에 많이 쓰이고, 우리나라 대부분의 지역에서 사용하는 젓갈이다. 참조기 새끼와 비슷하게 생긴 황석어로 크기는 12~16 ㎝ 정도이며 주로 5~6월에 많이 잡히므로 소금에 절여 젓갈을 담가서 1년 이상 숙성시킨다. 황석어젓은 노란빛을 띠면서도 밝고 선명한 은색이 돌며, 기름기가 있는 것일수록 잘 삭은 것인데, 살은 저며서 사용하고, 뼈는 달여서 젓국만 밭쳐 사용한다. 황석어젓 국물을 넣어 김치를 담그면 깔끔한 맛이 나고 김치가 익어도 색이 탁해지지 않는다. 건더기는 잘게 썰어 무쳐서 밑반찬으로 먹으면 맛있다.

갈치젓

갈치젓은 전라도식 김치에 빠지지 않고 들어가는데, 갈치젓과 갈치속젓으로 구분한다. 갈치를 통째로 염장하여 3개월 숙성시킨 갈치젓, 일 년 이상 숙성시킨 갈치속젓은 짙은 밤색을 띠고 완전히 삭혀 묽다. 갈치속젓은 서해와 남해에서 많이 잡히는 싱싱한 갈치의 내장만 빼낸 뒤 20~25% 소금을 아가미와 복강부에 넣어 용기에 담고 웃소금을 뿌려 뚜껑을 덮고 그늘에서 1년 이상 숙성시킨 것으로 전라남도와 경상남도에서 많이 담근다. 잘 삭은 것은 달여서 맑게 걸러 간장 대용으로 쓰기도 한다. 갈치속젓에 고춧가루, 양파, 마늘, 생강, 물엿 등을 넣어 무쳐 먹거나, 풋고추 잘게 썬 것을 넣고 갖은양념을 하여 밑반찬으로도 먹는다. 맛이 고소해 쌈장 대용으로도 이용한다.

밴댕이젓

밴댕이를 소금에 절여 삭힌 젓갈로 김치에 양념으로도 사용하지만 잘게 썰어 양념에 무쳐서 밑반찬으로 먹기도 한다. 밴댕이는 주로 3~4월에 살이 많으므로 이때 담그는 젓갈이 맛이 좋으며 전라도와 평안도 지방에서 김치를 담글 때 멸치젓 대신 많이 사용한다. 싱싱한 밴댕이를 통째로 항아리에 담고 소금을 켜켜이 뿌려 숙성시킨 젓갈이다. 기름기가 없어 맛이 깔끔한 젓갈로 담백하게 담그는 김치에 많이 넣는다. 전라도에서는 송애젓, 평안도에서는 반댕이젓이라고도 한다.

배추김치(김장, 묵은지)

굴, 생새우, 돼지고기, 조기, 전복, 낙지, 홍어 등을 넣어 집안마다 입맛에 따라 다양한 김치를 담근다.

재료 및 분량

주재료

김장용 배추
30 kg(8포기)

무
6 kg

절임

천일염
2.7 kg(15컵)

구운 소금
60 g(6큰술)

물
3 L(15컵)

양념소

홍갓
500 g

쪽파
1 kg

불린 청각
500 g

김치양념

마른 고추
600 g

고춧가루
900 g(9컵)

마늘
800 g

생강
200 g

갈치젓
750 g(3컵)

멸치젓
500 g(2컵)

물
4 L(20컵)

새우젓
500 g(2컵)

찹쌀풀
800 g(4컵)

담그는 법

주재료 손질

1 배추는 절반으로 쪼개어 윗부분에 칼집을 내고, 무는 10×10×4 ㎝ 크기로 썬다.

절임

2 물 3 L에 소금 3컵을 풀어 배추를 적신 다음, 세 번째 겉잎부터 줄기부분에 3번씩 소금을 켜켜이 뿌려 12시간 동안 절이고, 물에 씻어 물기를 뺀다.

3 무는 구운 소금으로 절여 씻지 않고 물기를 뺀다.

양념소 손질

4 갓과 쪽파는 3 ㎝ 길이로 썰고, 불린 청각은 다진다.

양념 만들기

5 갈치젓, 멸치젓에 3배의 물을 붓고 끓인 다음 체에 걸러 식히고, 고춧가루, 찹쌀풀을 풀어 고춧가루를 불린다.

6 마른 고추, 마늘, 생강, 새우젓을 갈아 ⑤에 혼합하여 3시간 동안 숙성시킨 다음 양념소와 혼합한다.

7 절인 배추잎 줄기부분에 양념소를 넣고 잎부분에 남은 양념을 펴 바른 다음,

버무리기

8 무를 2개씩 넣어 겉잎으로 감싸 항아리에 담고 숙성시킨다.

더 맛있게 담그기

- 묵은지는 무채, 각종 속재료를 적게 넣거나 넣지 않으며, 양념을 적게 넣어야 무르지 않고 보관기간이 길어진다.

겨울철 비타민을 공급해 주는 김장김치는

양념을 적게 넣어 장기간

숙성시켜 먹는 김치

남도겨울김치

무동치미(싱건지)

재료 및 분량

주재료

무 800 g
(10개)

배추 2.5 kg
(1포기)

절임

천일염
540 g(3컵)

부재료

쪽파
500 g

불린 청각
300 g

대추
20개

삭힌 고추
300 g(20개)

대나무잎
50 g

물양념

마늘
200 g

생강
100 g

구운 소금
60 g(6큰술)

물
6 L(30컵)

담그는 법

주재료 손질

1 무는 껍질째 씻은 다음,

절임

2 물기가 있을 때 전체적으로 소금이 묻도록 굴려 2일 동안 절이고, 배추는 반으로 쪼개어 소금물에 적신 후, 켜켜이 소금을 뿌려 8시간 동안 절인 다음, 2~3번 씻어 물기를 뺀다.

부재료 손질

3 쪽파, 청각은 씻어 바구니에 받치고, 대추는 주름진 부분을 깨끗이 씻어 돌려가며 바늘로 구멍을 낸다.

양념 만들기

4 마늘, 생강은 편으로 썰어 삼베주머니에 담는다.

버무리기

5 항아리에 청각을 깔고, 무, 배추, 쪽파, 삭힌 고추, 마늘, 생강, 대추 순서로 넣고, 재료 2배만큼의 물에 소금으로 간을 세게 하여 붓는다.

6 댓잎을 깨끗이 씻어 내용물이 보이지 않게 우거지로 덮은 다음 한 달 뒤에 먹는다.

더 맛있게 담그기

- 전라도에서는 무동치미를 '싱건지'라고 부른다.
- 무를 절일 때, 비닐봉지 안에 담아 굴리면서 절이면 골고루 잘 절여진다.
- 무를 절인 소금물은 김치국물을 탁하게 하므로 김치에 붓지 않는다.
- 봄이 되면 동치미를 꺼내어 고춧가루, 쪽파, 참기름, 통깨를 넣어 무쳐 먹는다.
- 대추에 구멍을 내어 대추의 향과 맛이 배어 나오도록 한다.

남도겨울김치

빠개지

주재료

무
2 kg

절임

구운 소금
90 g(½컵)

양념소

쪽파
100 g

김치양념

고춧가루	마늘	생강	새우젓
100 g(1컵)	30 g	10 g	20 g(1큰술)

멸치액젓　　찹쌀죽
40 mL(2큰술)　200 g(1컵)

주재료 손질

1 무는 김장용 무로 골라 껍질째 깨끗이 씻어,

절임

2 무를 3×10×7 ㎝ 크기로 썰어 구운 소금을 뿌려 두었다가 바구니에 밭쳐 물기를 뺀다.

양념소 손질

3 쪽파는 3 ㎝ 길이로 썬다.

양념 만들기

4 마늘, 생강, 새우젓, 멸치액젓을 갈아 고춧가루, 찹쌀죽, 쪽파에 섞어 2시간 동안 숙성시킨 다음,

버무리기

5 무에 양념을 버무려 배추로 담그는 김장김치 사이에 넣어 숙성시킨 다음 먹는다.

더 맛있게 담그기

- 빠개지는 전라도에서 무로 담그는 김장 김치를 말한다.
- 빠개지는 겨울김치이며 크기가 크므로 숙성시켜 먹는다.
- 김장을 담글 때 전라도에서는 배추김치 양념에 무채를 많이 넣지 않고, 무를 크 게 썰어 김장김치 사이에 넣는데, 익으면 김치와 국물 맛이 시원하다.

전라도에서는 김장을 담글 때

배추김치 사이에 넣어 익혀 먹는 무 김장김치

남도겨울김치

굴깍두기

 ## 재료 및 분량

주재료

무
1 kg

굴
200 g

절임

멸치액젓
100 mL(½컵)

부재료

홍고추
30 g(2개)

쪽파
100 g

김치양념

고춧가루
100 g(1컵)

마늘
30 g

생강
10 g

찹쌀풀
70 g(⅓컵)

 ## 담그는 법

주재료 손질
1 무는 씻어 3×3×0.5 ㎝ 크기로 썰고, 굴은 소금물에 헹구어 물기를 뺀다.

절임
2 무는 액젓에 버무려 1시간 동안 절인 다음, 체에 밭쳐 물기를 뺀다.

부재료 손질
3 쪽파는 2 ㎝ 길이로 썰고, 홍고추는 채를 썬다.

양념 만들기
4 양념을 갈아 3시간 동안 숙성시킨 다음,

버무리기
5 무에 양념을 넣어 버무린 다음, 굴, 쪽파, 홍고추를 넣고 버무린다.

더 맛있게 담그기

• 김치용 굴은 크기가 작은 것이 좋고, 오래 두고 먹으면 맛이 저하되므로 소량씩 자주 담가 먹는다.

겨울철 시원한 맛이 있는 무를 나박나박 썰어
싱싱한 생굴을 넣고 담근
전라도 겨울깍두기

남도겨울김치

숙깍두기(살망지)

주재료

무
1 kg

부재료

쪽파
100 g

김치양념

고춧가루
30 g(3큰술)

마늘
30 g

생강
5 g

멸치액젓
15 mL(1큰술)

담그는 법

주재료 손질　1 무를 돌려가며 뿌어(연필깎듯이 돌려가며 얇게 깎아 썰어) 그릇에 담고, 가마솥에 짓는 밥을 뜸 들일 때 얹는다.

절임　없음

부재료 손질　2 쪽파는 3 ㎝ 길이로 썬다.

양념 만들기　3 멸치액젓에 고춧가루를 혼합하고, 마늘, 생강을 갈아 섞은 다음 2시간 동안 숙성시킨다.

버무 리기　4 쪄낸 무와 쪽파를 넣어 살살 버무린다.

더 맛있게 담그기

- 전라남도 무안군 이천서씨 종가에서 대대로 내려오는 조리방법을 사용한 향토음식이다.
- 가마솥에 밥을 지을 때 밥물이 그릇 으로 넘어 들어가 찹쌀풀을 넣지 않 아도 되며, 무를 살짝 쪄서 설컹거리 는 맛이 있다.

재래종 무를 뿌어 (연필깎듯이 돌려가며 얇게 깎아 썰어)

가마솥 밥 위에 쩌서 김치 양념으로

버무려 담근 깍두기

남도겨울김치

224 225

홍갓무김치

재료 및 분량

주재료

홍갓 또는 청갓
2 kg

무
1 kg

절임

천일염
180 g(1컵)

구운 소금
20 g(2큰술)

양념소

쪽파
200 g

김치양념

마른 고추
150 g

마늘
50 g

생강
20 g

찹쌀풀
100 g(½컵)

생새우
50 g

멸치젓
80 g(⅓컵)

담그는 법

**주재료
손질**

1 갓은 줄기가 통통하면서 부드럽고 잎이 진한 보라색으로 골라 씻는다.

절임

2 줄기부분에 소금을 뿌려 3시간 동안 절이고, 무는 5×5×2 ㎝로 썰어 구운 소금에 2시간 동안 절인 다음 흐르는 물에 헹구어 물기를 뺀다.

**양념소
손질**

3 쪽파는 씻어 절이지 않고 사용한다.

**양념
만들기**

4 양념을 갈아 3시간 동안 숙성시킨 다음,

**버무
리기**

5 갓, 쪽파, 무에 양념을 넣어 버무린 다음 따리를 틀어 용기에 담는다.

더 맛있게 담그기

- 무에 갓물이 들어 보라색을 띠면 먹기 시작한다.
- 가을에 담근 재래종 갓김치는 익을수록 깊은 맛이 있어 봄철까지 먹어도 맛이 좋다.

익을수록 붉게 물든 무와 쪽파가 시원하고
매콤하면서도 톡 쏘는 매운맛이 구수한 홍갓김치

남도겨울김치

파김치(대파김치)

주재료

대파
1 kg

절임

멸치액젓
120 g(½컵)

김치양념

고춧가루   양파   마늘   생강
70 g(¾컵)   50 g(⅓개)   30 g   10 g

찹쌀풀   사과   설탕
15 g(1큰술)   250 g(1개)   10 g(1큰술)

담그는 법

**주재료
손질**   1 대파는 푸른 잎을 두 잎만 남기고 껍질을 벗겨 씻어,

절임   2 멸치액젓으로 대파를 절인다.

**부재료
손질**   없음

**양념
만들기**   3 양파, 마늘, 생강, 멸치젓, 찹쌀풀, 사과를 함께 갈아, 고춧가루, 설탕을 섞어 2시간 동안 숙성시킨 다음,

**버무
리기**   4 대파에 양념을 버무린다.

더 맛있게 담그기

- 대파김치는 4~5일 후 숙성되면 먹는다.
- 처음에는 매운맛이 강하지만 숙성되면 단맛이 난다.
- 겨울에서 봄까지 수확하는 대파가 해풍을 맞고 자라 단단하고 맛있다.

시금치김치

주재료

시금치
500 g

부재료

쪽파
20 g

홍고추
15 g(1개)

김치양념

고춧가루
50 g(5큰술)

다시마육수
30 mL(2큰술)

마늘
10 g

새우젓
80 g(⅓컵)

담그는 법

주재료 손질	1 시금치는 다듬어 깨끗이 씻어 물기를 뺀다.
절임	없음
부재료 손질	2 쪽파는 3 ㎝ 길이로 썰고, 홍고추는 어슷썬다.
양념 만들기	3 다시마육수에 고춧가루, 새우젓을 넣어 불리고, 마늘을 다져 넣어 2시간 동안 숙성시킨 다음,
버무리기	4 시금치에 쪽파와 홍고추를 섞어 가볍게 버무린다.

더 맛있게 담그기

- 서남해안 바닷가에서 해풍을 맞고 자란 재래종 겨울시금치로 담그며, 뿌리가 붉을수록 달고 맛이 좋다.

겨울철 노지에서 자란 생시금치를 겉절이식으로 담근 김치

남도겨울김치

물파래김치 (파래지)

재료 및 분량

주재료

물파래
1 kg

김치양념

고춧가루   청장   마늘
20 g(2큰술)   100 mL(½컵)   30 g

참기름   통깨
5큰술   약간

담그는 법

주재료 손질
1 파래는 쩍을 떼어내고 바구니에 넣어 뻘이 빠지도록 박박 문질러 씻는 과정을 3번 반복한 다음, 따리를 틀어 물기를 절반 정도 짠다.

절임
2 삭힘 : 비닐에 넣어 밀봉한 다음 40℃의 미지근한 온도에서 4시간마다 뒤집어가며 24시간을 삭힌 다음, 김이 빠지도록 비닐입구를 벌린다.

부재료 손질
없음

양념 만들기
3 고춧가루, 청장, 다진 마늘, 참기름, 통깨를 혼합한다.

버무리기
4 삭힌 파래에 양념을 넣어 버무린 다음 하루 동안 실온에 두었다가 냉장보관하여 일년 내내 먹는다. 먹을 때 조금씩 꺼내어 물을 부어 먹기도 한다.

더 맛있게 담그기

• 해초로 담근 김치이며, 갯벌에서 바로 채취한 파래가 향이 있어 좋다.
• 씻은 다음 너무 꼭 짜면 김치가 거칠어진다.
• 파래김치는 별도로 간을 하지 않아도 바닷물에서 이미 간이 배어 있으므로 약간의 양념만 해도 된다.
• 김치를 담그는 파래로는 홑파래를 사용한다.

썰물 때 갯벌에서 채취한 파래를 밀물 때 바닷물로 씻어

아랫목에서 삭혀 청장으로 담근 고흥군 향토음식

남도겨울김치

233

감태김치(감태지)

주재료

감태
1 kg

절임

멸치액젓
100 mL(½컵)

부재료

삭힌 고추　　달래　　홍고추
100 g(7개)　　50 g　　30 g(2개)

김치양념

동치미 국물
1 L(5컵)

주재료
손질
1 감태를 씻어 바구니에 받쳐 물기를 빼고, 물을 팔팔 끓여 한 김 나간 뜨거운 물을 감태에 붓는다.

절임
2 물기가 빠지면 액젓으로 간하고 밀폐용기에 담아 3일 동안 실온에서 숙성시킨다.

부재료
손질
3 삭힌 고추, 홍고추는 3 ㎝ 길이로 채썰고, 달래는 3 ㎝ 길이로 썬다.

양념
만들기
4 동치미국물을 준비한다.

버무
리기
5 동치미국물에 숙성된 감태, 부재료를 넣고 하루 동안 실온에 둔다. 숙성된 후에 차갑게 보관하면 익을수록 맛이 좋아진다.

더 맛있게 담그기

- 감태에 뜨거운 물을 부어 물기를 빼고 냉동보관하면 일 년 내내 먹을 수 있다.
- 동치미국물이 없으면 나박김치 국물이나 익은 김치 국물을 사용한다.
- 감태김치에 마늘을 많이 넣으면 감태 특유의 맛이 저하된다.

남도겨울김치

꼬시래기김치

재료 및 분량

주재료

꼬시래기
1 kg

절임

멸치액젓
70 mL(⅓컵)

구운 소금
20 g(2큰술)

부재료

무
500 g

달래
50 g

양파
150 g(1개)

김치양념

청양고추
50 g(5개)

마늘
30 g

생강
10 g

매실청
80 g(⅓컵)

설탕
50 g(4큰술)

식초
70 mL(⅓컵)

겨자
50 g(5큰술)

담그는 법

주재료 손질 1 꼬시래기를 씻어 끓는 물에 3분간 데쳐 찬물에 담갔다가 물기를 빼고,

절임 2 액젓에 버무려 밑간을 한다.

부재료 손질 3 무는 굵은 채로 썰어 식초, 설탕, 소금에 절여 물기를 꼭 짠다. 양파는 채썰고, 달래는 3 ㎝ 길이로 썬다.

양념 만들기 4 청양고추, 마늘, 생강을 갈아 고운체로 거른 다음, 발효된 겨자, 식초, 설탕을 섞어 2시간 동안 숙성시킨다.

버무리기 5 꼬시래기와 부재료에 양념을 넣어 버무린다.

더 맛있게 담그기

- 염장된 꼬시래기는 물에 3번 씻으면 생것과 같아지므로 언제든지 요리해 먹을 수 있다.
- 전라남도 장흥군에서 주로 서식하는 해조류인 꼬시래기는 '바다의 냉면'으로 불리며 식이섬유, 칼슘, 철분이 풍부하다.
- 꼬시래기의 갯내음을 감소시키기 위해 양념에 매실청을 첨가한다.

바다에서 서식하는 홍조류인 식용 해초로 담근

새콤한 맛의 꼬시래기김치

톳고구마김치

재료 및 분량

주재료

톳
1 kg

호박고구마
300 g

절임

구운 소금
10 g(1큰술)

액젓
100 mL(½컵)

부재료

쪽파
50 g

사과
250 g(1개)

김치양념

청양고추
100 g(10개)

양파
150 g(1개)

마늘
30 g

생강
10 g

담그는 법

주재료 손질 1 톳은 깨끗이 씻어 끓는 물에 2분간 데쳐 찬물에 담가 식히고, 호박고구마는 채썰어 물에 담가 전분을 제거한다.

절임 2 톳은 물기를 빼서 액젓으로 밑간을 하고, 고구마는 구운 소금에 절인다.

부재료 손질 3 사과는 채썰어 설탕물에 담가 갈변을 방지하고, 쪽파는 2 ㎝ 길이로 썬다.

양념 만들기 4 양념을 갈아 체에 내린다.

버무리기 5 톳, 고구마, 사과, 쪽파에 양념을 넣어 버무린다.

더 맛있게 담그기

● 숙성시키지 않는 해초김치에는 멥쌀풀을 넣지 않는다.

톳에 고구마를 섞어 식감이 좋고
바다내음이 물씬 나는 겨울철 김치

남도겨울김치

해초모듬물김치

 재료 및 분량

주재료

쇠미역
500 g

톳
300 g

파래
200 g

가사리
200 g

꼬시래기
200 g

절임

매실청
240 g(1컵)

구운 소금
15 g(1큰술)

부재료

오이
2개

홍고추
50 g(3개)

양파
150 g(1개)

쪽파
50 g

김치양념

청양고추
100 g(10개)

마늘
30 g

생강
10 g

배
300 g(1개)

동치미국물
1 L(5컵)

담그는 법

주재료 손질
1 쇠미역, 톳, 꼬시래기는 끓는 물에 데쳐 찬물에 헹군 다음 6 cm 길이로 썰고, 파래는 씻고, 가사리는 물에 불려 씻어 모두 물기를 빼서,

절임
2 재료를 매실청, 구운 소금에 버무려 절인다.

부재료 손질
3 오이는 절반으로 갈라 어슷하게 썰어 소금에 절였다가 물기를 짜고 홍고추, 양파는 채썰고, 쪽파는 3 cm 길이로 썬다.

양념 만들기
4 양념을 갈아 체에 거른 다음 동치미국물에 섞는다.

버무리기
5 해초와 부재료에 양념을 부어 하루 동안 숙성시켜 먹는다.

더 맛있게 담그기

- 동치미국물 대신 김장김치 국물을 섞어도 맛이 좋다.
- 해초의 갯내음을 감소시키기 위해 매실청으로 절인다.

남도겨울김치

고조리서를 재현한

옛 김치

술지게미절임김치(배추, 오이, 가지)　　무동치미　　오이지　　가지김치

참외김치　　풋마늘김치　　동아김치　　상추김치　　맨드라미가지물김치

더덕김치　　박물김치　　죽순김치　　가지오이물김치　　유채꽃물김치

옛 김치 재료이야기

옛 김치는 「군방보」, 「임원십육지」, 「증보산림경제」, 「증궤록」, 「거가필용」, 「옹희잡지」, 「다능집」, 「화한삼재도회」, 「구선신은서」, 「삼산방」 등의 고조리서에 기록된 채소 저장방법을 새롭게 재해석하여 실생활에서 활용가능한 김치 담그는 법으로 정리하였다.

옛날에는 채소를 소금에 절여 말리는 과정을 반복해서 수분을 줄이고, 술지게미, 향초, 맨드라미꽃, 젓갈, 된장, 간장 등을 사용하여 장기간 보관하였으며, 채소의 꽃을 말려 보관했다가 필요할 때 불려서 쓰기도 했다. 지금처럼 배추가 흔하지 않아 오이, 가지, 박, 동과, 죽순, 부추, 더덕으로 지금의 장아찌, 물김치 형태의 김치를 담갔으며, 고추가 들어오기 이전에 매운맛을 낼 때는 천초를 쓰고 붉은 색깔의 국물은 맨드라미꽃을 사용하기도 하였다. 채소를 말려 재료 본연의 맛을 느낄 수 있는 옛 김치는 조상들의 지혜를 깨닫게 하며 지금 담가 먹어도 손색이 없는 김치들이다.

가지

길이 20 ㎝가량으로 너무 통통하지 않은 연한 가지가 김치용으로 적합하며, 살짝 쪄서 물기를 빼고 김치를 담근다. 떫고 아린 맛이 있고 갈변현상이 일어나므로 소금물에 담갔다가 말리면 색이 변하지 않으며, 불려서 나물이나 김치에 이용한다.

감초

감초의 겉껍질은 적갈색이나 암갈색을 띠며 세로로 주름이 있고 때로 피목, 싹눈 및 비늘잎이 붙어 있다. 감초는 해독작용이 있으며 한약으로 사용할 뿐만 아니라 감미료로 많이 사용되고 있다.

더덕

사삼, 백삼이라고도 불리며, 봄에 어린잎을 따서 나물이나 샐러드로 쓰고 가을에는 뿌리를 식용한다. 뿌리 모양에 따라 매끈하게 쭉 빠진 더덕은 수컷이고 통통하고 잔뿌리가 많은 것은 암컷으로, 수컷더덕의 맛이 더 좋다. 껍질을 벗겨 반쯤 말렸다가 간장, 고추장에 담가 장아찌로 먹고, 김치, 생채, 구이, 누름적, 장과, 술 등을 만든다.

동아(동과)

가을에 수확하여 겨울에 저장해 두기 때문에 동과라는 이름이 붙여졌으며, 무게는 10~30 kg으로 겉은 박처럼 푸르스름하며 흰색 분이 고루 나 있고 눌러보면 단단한 것이 좋다. 수분이 많고 조직이 연해서 통째로 섞박지를 담갔다가 익으면 국물과 속을 파내 해체한 후 보관하면서 먹는다. 수분을 뺀 후 정과, 장아찌, 누르미 등으로 이용한다.

맨드라미

맨드라미는 7~8월에 꽃이 피는 식용꽃으로 배탈이 잦은 여름철에 지사제로 쓰이기도 한다. 물김치에 넣으면 분홍빛의 국물 색깔이 매우 곱다. 가을이 되어 밤기온이 떨어지면 꽃 색깔이 더욱 고와지므로 이때 말렸다가 음식에 사용한다.

무

동치미용 무는 11월 중순부터 12월 중순에 수확한 지름 10 ㎝, 길이 20 ㎝, 무게 800 g~1 kg의 것이 좋다. 무청이 푸르고 길며, 무는 단단하며 잔뿌리가 많지 않은 것이 동치미 담그는 데 적합하다.

박

9월 초순경 과피가 굳어지지 않은 5~7 kg 정도 되는 박이 김치, 박고지용으로 적합하다. 여물지 않은 어린 박은 나물이나 탕용으로 쓰고, 조금 여물면 껍질을 벗기고 속을 긁어낸 다음 돌려가면서 끈처럼 깎아 말려서 박고지를 만들면 불려서 언제든지 쓸 수 있다. 햇볕 좋은 날 하루에 말려야 우윳빛으로 깨끗하게 말릴 수 있다. 과피가 딱딱해지면 삶아서 바가지로 사용한다.

상추

상추는 재배 역사가 매우 오래된 채소로 '가을 상추는 문 걸어 잠그고 먹는다.'라는 속담이 있을 정도로 귀한 재료이다. 주로 쌈으로 먹지만 동이 서면 김치, 부침으로 사용하고 소금물에 간하여 말렸다가 쪄 먹기도 한다.

술지게미

술을 빚어 짜내고 남은 찌꺼기를 주박, 주정박, 술비지, 술지게미라고 한다. 배추, 참외, 오이, 가지 등을 소금에 절였다가 말려 술지게미에 혼합하여 담그면 짠맛을 줄여주고 특유의 풍미가 배어 맛이 좋다. 기온이 높으면 술지게미가 발효하여 신맛이 생기기 때문에 저온저장해야 한다.

오이

백오이(조선오이), 취청오이(생채용), 가시오이(냉국, 샐러드용), 노각(나물용) 등 생산되는 시기와 쓰임새가 각각 다르다. 5월 초순부터 하순 사이가 적기인 백오이는 20~25 cm 길이가 좋은 상품이고, 물기가 많고 쓴맛이 덜하며 아삭아삭하여 오이소박이, 물김치에 이용한다.

유채꽃

가을에 파종하여 겨울 추위를 견디고 3월에 가지 끝에 달려 노랗게 꽃이 핀다. 꽃이 활짝 피기 전에 줄기까지 따서 끓는 물에 살짝 데쳐 소금을 뿌린 후 말려 한지에 싸서 보관했다가 사용할 때 끓는 물에 담가 원 상태로 돌아오면 양념하여 김치를 담근다. 말린 유채꽃은 한지에 싸서 냉동보관해야 색이 선명하다.

자소

차조기, 소엽, 소경, 소자라고도 하며, 히말라야, 미얀마, 중국 등이 원산지이다. 차조기과의 1년생초로 파랑 자소와 빨강 자소가 있으며 향기가 강하다. 생김새가 들깨와 유사한데 줄기와 잎이 보랏빛이 나는 점이 들깨와 다르다. 자소는 번식력이 강하고 해독제로 쓰이며 방부작용도 있다.

죽순

대나무의 땅속줄기에서 돋아나는 어린싹으로, 15 cm 길이로 몸통이 통통하고 안쪽의 결이 일정한 것이 좋다. 삶아 석회질을 씻어 냉동보관하였다가 해동시켜 사용할 수 있고, 말려서 사용하면 쫄깃거린다.

참외

여름이 제철인 과일로 오래전부터 재배해 오던 전통의 열매채소이다. 7월 이후에 수확한 참외는 조직이 단단해 장아찌로 적합하다. 참외장아찌는 속을 파내고 말리므로 무게가 500 g 이상인 것이 좋고, 노랗게 익은 것이 단맛과 향이 좋다.

천초

천초는 초피나무의 과피를 한방에서 이르는 말로 천초, 대초, 진초라고 불리며 가을에 뿌리를 캐서 햇볕에 말린 후 한방재료로 쓰인다. 한국에서는 추어탕이나 매운탕과 같은 어탕에서 비린내를 없애기 위해 초피나무의 열매 껍질을 사용한다. 익은 열매를 말려서 껍질만 분리하여 갈아서 향신료로 쓴다.

풋마늘

아직 덜 여문 마늘의 어린 잎줄기로 2월 초순경부터 5월 상순에 수확한다. 뿌리, 줄기, 잎이 약간 통통한 것은 소금에 절였다가 사용하기에 적합하고, 바로 먹을 때는 뜨거운 소금물을 부어서 쓰고, 오래 보관할 것은 찬 소금물을 부어 전처리를 한 다음 사용한다.

홍국

홍국은 쌀을 누룩곰팡이로 발효시켜 만든 붉은색 쌀이다. 멥쌀로 밥을 지어 누룩가루를 넣고 따뜻한 곳에서 띄운 다음 식혀 볕에 말린 것으로, 약술, 곡주를 담그는 데 사용한다. 생선이나 육류 요리에 넣으면 맛을 좋게 한다.

회향

미나리목 미나리과에 속하는 여러해살이 풀이며 산미나리라고도 부르며, 향신료 및 허브 티로 사용한다. 회향은 그대로 또는 끓는 물에 데쳐서 말린 것으로 바깥 면은 적갈색으로 불규칙한 주름이 있으며 안쪽 면은 연한 갈색이고 매끄러우며 광택이 있다. 생선의 비린내, 육류의 느끼함과 누란내를 없애고 맛을 돋우며 화장품의 부향제로도 사용된다.

술지게미절임김치(배추, 오이, 가지)

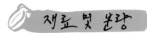

재료 및 분량

주재료

속이 꽉 차지 않은
배추 5 kg

절임

천일염
540 g(3컵)

술지게미
8 kg

부재료

감초
10조각

천일염
180 g(1컵)

담그는 법

1 배추겉잎을 떼고 다듬어 절반을 가른 다음 3 L의 물에 소금 1컵을 풀어 배추를 적신 다음, 줄기부분에 나머지 2컵의 소금을 뿌려 6시간 동안 절인다.

2 소금물에서 가볍게 씻어 햇볕에 1~2일 동안 말린다.

3 술지게미에 감초, 소금 1컵을 넣어 섞은 후 3등분한다.

4 절어서 말린 배추에 술지게미 ⅓을 넣고 버무려 하루를 두면 물이 생기므로 물기를 빼고, 다시 술지게미 ⅓을 버무려 이틀 동안 둔 후 물기를 빼고 나머지 술지게미를 버무려 잘 밀봉한다.

5 숙성되면 꺼내어 술지게미를 씻어내고 먹는다.

재료 및 분량

주재료
오이
10개 또는 가지 10개

절임
술지게미
5 kg

천일염
270 g(1½컵)

담그는 법

1 오이는 소금에 비벼 씻어 물기를 제거하고,

2 술지게미 5 kg에 천일염 1½컵을 고루 섞어, 절반만 오이에 버무려 항아리에 담고 돌로 눌러놓는다.

3 10일 후에 꺼내어 술지게미를 닦아내고, 햇볕에 말린 다음,

4 새로운 술지게미를 버무려 항아리에 담고 돌로 눌러놓는다.

5 한 달 후부터 꺼내어 술지게미를 씻어내고 먹는다.
(가지도 오이 담그는 법과 같다.)

더 맛있게 담그기

- 예전에는 배추의 속이 꽉 차지 않아 절이지 않고 그냥 말려 수분을 제거했지만 지금의 배추는 속이 꽉 차기 때문에 소금으로 1차 간을 해서 수분을 제거한다.

더 맛있게 담그기

- 술지게미에는 곡류가 숙성과정을 거치면서 단맛을 내기 때문에 오이가 숙성된 후에 다른 양념을 하지 않아도 맛이 좋다.
- 햇볕에 말릴 때 수분을 적당히 없애야 쫄깃하고 식감이 좋고, 쉽게 변하지 않는다.

 엄조백채방(醃糟白菜方)

조승법(糟菘法) : 배추의 겉잎을 떼어버리고 볕에 말려 물기를 제거한다. 배추 2근, 술지게미 1근, 소금 8냥을 버무려 항아리에 담는다. 하루 걸러 한 번씩 아래위를 뒤집는다.　　　　　「군방보」,「임원십육지」

 조과가방(糟瓜茄方)

오이나 가지 5근에 소금 10냥과 술지게미를 고루 섞어 항아리에 담고, 동전 50문(文)을 위에 얹는다. 10일 후 꺼내어 술지게미를 털어버리고 새로운 동전을 다시 얹으면 비취색이 난다.　　　　　「군방보」,「임원십육지」

고조리서를 재현한
옛김치

무동치미

주재료
무청 달린 무
10개(1개 800 g)

절임
천일염
540 g(3컵)

부재료
절인 오이
3개

절인 가지
3개

절인 고추
10개

고춧잎
100 g

갓
50 g

쪽파
100 g

동아
1 kg

김치양념
마늘
50 g

생강
20 g

천초
30 g

구운 소금
20 g(2큰술)

물
8 L(40컵)

담그는 법

1 무청이 달린 무의 껍질을 그대로 두고 깨끗이 씻어 소금에 굴려 3일 동안 간한다.

2 고추와 고춧잎, 갓, 쪽파도 절이고, 동아는 $10 \times 10 \times 10$ ㎝ 길이로 썰어 절인다.

3 오이, 가지는 제철에 소금에 절였던 것을 물에 담가 소금기를 뺀다.

4 마늘, 생강은 편으로 썰고, 천초는 눈을 떼고, 삼베 봉지에 담는다.

5 항아리에 무, 오이, 가지, 고추, 고춧잎, 쪽파, 갓, 동아를 켜켜이 넣고 삼베 봉지를 넣은 다음 재료 2배의 물에 소금으로 간을 맞춘 후, 부어준다.

6 항아리 주둥이를 잘 봉하고 땅속에 묻어 공기가 새지 않도록 보관하고 40~50일 후에 먹는다.

더 맛있게 담그기

• 얼지 않게 보관하고, 온도가 일정해야 맛있는 국물이 되므로 땅에 묻는 것이 좋다.

 침나복함저법(沉蘿葍醎菹法)

첫 서리가 내린 뒤에 무와 잎을 거두어서 깨끗이 씻는다. 별도로 고추의 연한 열매와 줄기와 잎, 청각, 늙지 않은 오이, 어린아이의 주먹만 한 호박과 잎 밑의 연한 줄기, 가을 갓의 줄기와 잎, 동아, 초피, 부추 등을 가져다가 함께 담근다. 그리고 마늘을 많이 갈아 즙을 내고 무와 여러 가지 양념들을 버무려서 독에 넣을 때 한 겹 한 겹 띄워 마늘즙을 뿌린 후에 항아리를 단단히 봉하여 땅에 파묻는데 앞에서 말한 대로 하면 된다. 섣달에 꺼내어 먹으면 맛이 기가 막힌다. 다만 공기가 새어나가지 않도록 하면 봄까지도 먹을 수 있다. 또 미나리줄기와 애가지를 함께 담가도 맛있다.

「증보산림경제」

오이지

재료 및 분량

주재료
백오이 50개
(1개 200 g)

절임
천일염
900 g(5컵)

쌀뜨물
2 L(10컵)

담그는 법

1 늙지 않은 백오이를 깨끗이 씻어 소금에 굴려 절인다.

2 간이 잘 배어들도록 위아래로 뒤집어주기를 여러 번 하여 오이가 구부러질 정도로 절어 물기를 뺀다.

3 오이가 잠길 정도의 물에 쌀뜨물 10컵을 붓고 끓여 식힌 다음 국물에 소금 간을 한다.

4 오이를 항아리에 담고 국물을 붓고 떠오르지 않게 돌로 눌러준다.

5 노랗게 숙성되면 먹는다.

6 국물을 부을 때 식히지 않고 뜨거운 채로 부으면 일주일 후부터 먹을 수 있기 때문에, 장기간 보관할 때는 식혀 붓는다.

더 맛있게 담그기

- 오이가 잘 절여지지 않으면 쫄깃거리지 않고, 오래 보관하기 어렵다.

용인담과저법(龍仁淡瓜菹法)

늙지 않은 오이 1백 개를 가져다가 꼭지를 떼고 터지거나 상한 것을 골라낸다. 맛이 단 생수에 소금을 넣어 섞는데 반드시 묽게 타야 한다. 이에 앞서 먼저 오이를 깨끗하게 씻어서 깨끗한 항아리에 넣고 나서 바로 소금물에 넣어 잠기게 한다. 이튿날에는 또 오이를 꺼내는데 위에 있던 오이를 거꾸로 아래에 놓고 아래에 있던 오이를 위에 두면서, 반드시 세심하게 살펴서 껍질이 상한 것을 골라낸다. 그 이튿날에도 또 이와 같이 오이를 뒤집어놓는다. 이렇게 6~7번 멈추지 않으면 그 맛이 매우 좋다.

「증보산림경제」

오이지

가지김치

재료 및 분량

주재료

가지 20개
(3 kg)

절임

천일염
360 g(2컵)

물
3 L(15컵)

김치양념

마늘
100 g

생강
30 g

말린 자소
20 g

감초
20 g

설탕
150 g(1컵)

식초
400 mL(2컵)

담그는 법

1 어린 가지를 끓는 물에 데쳐 소금물에 10시간 동안 절여 햇볕에 말린다.

2 가지를 절였던 소금물에 가지가 잠길 정도의 물을 첨가하고 마늘, 생강, 자소, 감초, 설탕을 넣고 끓이다가 식초를 넣는다.

3 항아리에 가지를 차곡차곡 넣은 다음 양념 끓인 물을 식혀 부어 떠오르지 않도록 돌로 눌러놓는다.

4 일주일 후에 국물만 따라 끓여 식혀서 부어주기를 3회 반복한다.

5 항아리 입구를 잘 밀봉하면 오랫동안 두고 먹을 수 있다.

더 맛있게 담그기

• 오이도 같은 방법으로 담근다.

당초가법(糖醋茄法)

어린 햇가지를 삼각형의 덩어리로 잘라서 끓는 물에 데쳐내어 면포에 싸서 물기를 닦아낸다. 소금에 하룻밤 절여 건져서 햇볕에 말린다. 절였던 소금물에 채썬 생강, 자소를 섞어 끓여서 설탕과 식초를 넣는다. 자기 안에 가지를 넣고 이 물을 부어 저장한다. 오이도 이 방법과 같이 한다.

「증궤록」, 「임원십육지」

가지김치

참외김치

주재료

참외 10개(1개 400 g
이상인 것)

절임

천일염
540 g(3컵)

김치양념

청장
600 mL(3컵)

물
400 mL(2컵)

생강
30 g

말린 자소
20 g

감초
10 g

담그는 법

1 참외 배꼽부분에 지름 3 cm 길이로 구멍을 내어 속씨를 빼내고 소금을 넣어 하루 동안 절인다.

2 절인 참외를 대나무 꼬챙이에 꿰어 햇볕에 말린다.

3 양념을 끓여 식혀서 말린 참외를 밤에는 담갔다가 낮에는 뜨거운 햇볕에 말리기를 3번 반복한다.

4 항아리에 양념과 함께 넣어 보관한다.

5 먹을 때 껍질을 벗겨 참기름, 깨에 버무린다.

더 맛있게 담그기

• 참외의 크기가 작으면 과육이 적으므로 큰 것으로 담가야 더욱 아삭하고 향이 좋다.

과제방(瓜虀方)

첨과제(話瓜虀) : 참외 10개를 대나무 꼬챙이에 꿰어 소금 4냥에 절였다 말린다. 여기에 장 10냥을 고루 섞어 뒤집으며 뜨거운 햇볕에 말려 자기 안에 넣어둔다. 소금과 장은 참외의 크기에 따라 분량을 정한다.

「거가필용」, 「임원십육지」

고조리서를 재현한
옛김치

풋마늘김치

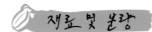 재료 및 분량

주재료

풋마늘
2 kg

절임

천일염
60 g(⅓컵)

김치양념

청장
200 mL(1컵)

생강
20 g

감초
10 g

식초
200 mL(1컵)

담그는 법

1 풋마늘은 뿌리를 자르고 다듬어 씻어 끓는 물에 소금을 넣고 데쳐 햇볕에 말린다.

2 말린 풋마늘을 뜨거운 물에 불려 체에 건져 물기를 뺀다.

3 청장, 생강, 감초, 물 ½컵을 끓이다가 식초를 넣고 식힌다.

4 풋마늘을 적당한 크기로 자르고 양념에 버무린다.

더 맛있게 담그기

- 풋마늘을 말려서 보관하면 먹을 때 적당량을 불려 양념을 한다.
- 풋마늘김치는 고기와 잘 어울린다.

 쇄산대법(曬蒜薹法)

살찌고 어린 마늘대를 소금물에 데쳐 햇볕에 말린다. 사용할 때 따뜻한 물에 담가 불려서 간을 맞춰 먹는다. 고기와 같이 무치면 더욱 맛있다.

「거가필용」, 「임원십육지」

풋마늘김치

고조리서를 재현한
옛김치

동아김치

재료 및 분량

주재료

10 kg 이상 된
큰 동아 1개

부재료

쪽파	불린 청각	절인 고추	갓
100 g	300 g	20 g	50 g

김치양념

마늘	생강	천초	황석어젓
100 g	30 g	50 g	300 g(1컵)

담그는 법

1 서리가 내린 후에 상처 없는 큰 동아의 꼭지부분을 가로 10 ㎝ 길이로 잘라내어 속씨를 파낸다.

2 쪽파, 갓을 절이고, 청각은 불리고, 마늘, 생강은 편으로 썬다.

3 황석어젓은 끓여 여러 번 면포에 걸러 맑게 한다.

4 동아가 들어갈 만한 항아리에 동아를 세워놓고 청각, 쪽파, 절인 고추, 갓, 마늘, 생강, 천초를 넣고 황석어 끓인 물을 동아 자른 곳 가까이에 부어준다.

5 뚜껑을 덮고, 자른 부분을 한지로 발라 공기를 차단하고 항아리 뚜껑을 닫는다.

6 40~50일이 지난 후, 잘 삭혀지면 국물을 따라 걸러주고, 동아는 껍질을 벗긴 뒤 먹기 좋은 크기로 썰어 국물에 넣어 보관하면서 먹는다.

더 맛있게 담그기

• 동아는 살이 두껍고, 겉에 흰 분이 많이 난 것이 좋고, 수분이 많기 때문에 국물을 위까지 부으면 넘치므로 주의한다.

해즙동과방(醢汁冬瓜方)

서리가 내린 후에 큰 동아의 꼭지를 1치(3 ㎝) 정도 도려내어 껍질을 상하지 않게 한다. 칼로 속과 씨를 파내고 소금물 1사발을 동아 속에 붓는다. 다시 생강, 천초, 볶은 참깨 등을 넣는다. 베어낸 꼭지를 원래대로 뚜껑을 닫아 꼬챙이로 꽂아 고정시킨다. 차지도 따뜻하지도 않은 곳에 둔다. 동아 배 속에 넣은 것이 살 속으로 모두 스며들면 칼로 잘라 먹는다.

「옹희잡지」, 「임원십육지」

동아김치

상추김치

재료 및 분량

주재료

재래종상추
2 kg

절임

천일염
180 g(1컵)

부재료

참기름
약간

담그는 법

1 상추는 소금물에 하루 동안 절였다가 햇볕에 말린다.

2 상추 절인 소금물은 끓여서 식힌다.

3 말린 상추에 소금물을 붓고 이틀 후에 소금물을 따르고 끓여서 식혀 붓기를 2번 반복한다.

4 상추를 꺼내 참기름에 버무려 쪄서 먹는다.

더 맛있게 담그기

- 상추를 절인 소금물은 고기를 삶아 오래 두어도 고기가 상하지 않고 구충예방에 효과가 있다.

엄와거방(醃萵苣方)

상추 100포기에 소금 1근 4냥을 넣고 하룻밤 절인다. 다음날 상추를 건져 볕에 말리고 소금물은 달여서 식힌다. 다시 상추를 항아리에 담고 식힌 소금물 붓기를 2번 반복한다. 매피를 위에 얹으면 맛이 더욱 좋고 향기롭다.

「다능집」, 「임원십육지」

상추김치

맨드라미가지물김치

재료 및 분량

주재료

가지
50개

절임

천일염　　　　물
900 g(5컵)　　15 L(75컵)

부재료

옥수수잎 또는　　　꿀
대나무잎　　　100 g(⅓컵)
30 g

담그는 법

1 서리 맞은 가지를 깨끗이 씻어 항아리 안에 차곡차곡 담고, 마른 맨드라미꽃을 가볍게 씻어 가지 위에 올린다.

2 물 15 L를 끓여 소금을 넣고 식힌 다음 항아리에 붓고 옥수수잎이나 대나무잎으로 덮고 떠오르지 않게 돌을 올려놓는다.

3 항아리 주둥이를 잘 봉하고 땅속에 묻는다.

4 납월(12월)이 되면 가지를 꺼내어 찢어서 꿀에 찍어 먹는다.

더 맛있게 담그기

- 땅에 묻지 않으려면 가지를 하루 동안 절여 수분이 어느 정도 빠지면 그늘에 말린 다음, 소금물을 부으면 물러지지 않고 오래 보관할 수 있다.
- 우리 조상들은 고추가 보급되기 전에 맨드라미꽃으로 붉은색 물을 내어 김치 양념으로 사용하였다. 여름철 설사와 이질 등의 전염병을 예방한다고 한다.

침동월가저법(沉冬月茄菹法)

가지는 첫 서리를 맞으면 단맛이 나니 바로 따서 꼭지와 가지에 붙은 껍질과 가시를 없앤다. 먼저 오래 끓인 물을 식혔다가 소금을 넣어 약간 싱겁게 간을 맞춘 다음 가지를 작은 항아리에 넣고 반들반들한 돌로 누르고 볏짚으로 덮은 다음 항아리의 주둥이를 밀봉하여 뚜껑을 덮어 땅에 묻는다. 섣달에 가지를 꺼내어 찢은 다음 꿀을 뿌려 먹으면 맛이 시원하고 담백하다. 만약 그 빛깔을 붉게 하려면 맨드라미꽃을 넣는다.

「증보산림경제」

맨드라미가지물김치

더덕김치

재료 및 분량

주재료

더덕
1 kg

김치양념

천초
20 g

마늘
30 g

생강
30 g

볶은 참깨
30 g

청장
200 mL(1컵)

담그는 법

1 더덕은 겉에 묻은 흙만 씻어 끓는 물에 살짝 데쳐 껍질을 벗기고 햇볕에 하루 동안 말린다.

2 더덕은 면포 위에서 밀대로 밀어 부드럽게 만든다.

3 물 1컵, 청장 1컵, 천초, 생강, 마늘, 볶은 참깨를 끓여 뜨거울 때 더덕에 부어 뚜껑을 잘 덮는다.

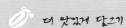 더 맛있게 담그기

- 더덕을 끓는 물에 데치면 껍질이 잘 벗겨져 재료의 손실이 적다.

 장사삼방(醬沙參方)

더덕을 끓는 물에 데쳐 쓴맛을 제거하고 껍질을 벗긴다. 천초, 생강, 볶은 참깨와 같이 끓인 간장에 넣는다. 도라지도 이와 같이 한다.

「옹희잡지」, 「임원십육지」

더덕김치

박물김치

재료 및 분량

주재료

5 kg 이상 여물지 않은 박 1개
(말린 박고지 200 g)

절임

부재료

천일염
50 g(¼컵)

쪽파
100 g

김치양념

마늘   생강   천초
50 g   20 g   30 g

물   구운 소금
7 L(35컵)   50 g(5큰술)

담그는 법

1 가을에 박을 따서, 가로로 잘라 껍질을 벗기고, 속살을 파내어 흰 살을 0.5 ㎝ 두께로 돌려가면서 깎아 햇볕에 말린다.

2 말린 박고지를 조물조물 여러 번 씻어 찬물에 4시간 동안 불린 후, 먹기 좋은 크기로 잘라 소금에 절인다.

3 간이 배면, 채반에 건져 물기를 뺀다.

4 쪽파는 그대로 간해서 하나씩 똬리를 틀어놓는다.

5 마늘, 생강은 고운 채로 썰고 천초는 갈아 재료의 1.5배 물에 박과 쪽파를 넣고 소금으로 간을 한다.

더 맛있게 담그기

- 박은 흐린 날 말리면 색이 검어지므로 날씨가 좋은 날 빠른 시간 안에 말려야 좋다.
- 박을 말렸다가 불리면, 나물이나 국을 끓여도 시원한 맛이 좋다. 일 년 내내 먹을 수 있는 식재료이다.

호축법(瓠蓄法)

박을 따서 가로로 조각을 내어 껍질을 벗기고 속을 파버어 흰 살을 얇게 벗겨 1~2장을 이어 종이같이 꼬아 시렁에 널어 햇볕에 말린다. 비를 맞으면 색이 변하여 좋지 않다. 유희(劉熙)의 「석명」에는 박 껍질로 포를 만들어 쌓아두었다 겨울철에 사용하므로 그 이름을 호축이라고 했다.

「화한삼재도회」, 「임원십육지」

죽순김치

재료 및 분량

주재료

삶은 죽순
2 kg

절임

천일염
180 g(1컵)

부재료

회향
30 g

쪽파
50 g

김치양념

마늘
50 g

생강
20 g

홍국(붉은 누룩)
50 g

천초
30 g

구운 소금
10 g(1큰술)

담그는 법

1 3월에 죽순을 껍질째 삶아, 껍질을 벗기고 안쪽의 석회를 깨끗이 씻어 소금에 하루 동안 절인다.

2 절인 죽순을 햇볕에 말린다.

3 쪽파, 회향은 3 ㎝ 길이로 썬다.

4 홍국, 생강, 마늘, 천초를 갈아 소금으로 간을 하고, 죽순에 버무린다.

5 항아리에 저장하면 더욱 맛이 좋다.

더 맛있게 담그기

● 죽순은 쇠지 않은 것으로 길이는 20 ㎝ 내외가 가장 좋다.

죽순자방(竹筍鮓方)

3월에 죽순을 편으로 썰어 끓는 물에 살짝 데쳐 햇볕에 말린다. 여기에 채썬 파, 회향, 화초, 홍국을 넣어 잘 갈고, 소금과 고루 섞어 절였다 먹는다.

「구선신은서」,「임원십육지」

죽순김치

가지오이물김치

주재료

가지
10개

어린 오이
10개

부재료

쪽파
50 g

마늘
50 g

생강
20 g

천초
50 g

김치양념

청장
400 mL(2컵)

참기름
190 mL(1컵)

마른 맨드라미꽃
20 g

담그는 법

1. 가지와 어린 오이를 십(十)자로 배를 갈라 끓는 물에 데쳐 면포로 물기를 닦는다.

2. 마늘, 생강은 고운 채로 썰고, 쪽파는 2 ㎝ 길이로 썰어 천초와 함께 섞어 가지와 오이 속에 채워 넣는다.

3. 청장을 끓이다가 참기름을 넣고 뜨거울 때 가지, 오이 위에 부어 4시간 동안 간이 배어들게 한 다음 먹는다. (또는 마른 맨드라미꽃을 60℃의 뜨거운 물에 불려 고운 색을 낸 다음 간을 맞추고 가지, 오이에 자작하게 부어준다.)

더 맛있게 담그기

- 여름김치이므로 적은 양을 자주 담가 먹는다.
- 가지를 부드럽게 먹기 위해 껍질을 벗기는 것이 좋으며, 물김치용으로 담글 때는 참기름을 넣지 않는다.
- 이질, 설사를 예방하는 맨드라미꽃물이 여름김치용으로 적합하다.

 가즙장법(假汁醬法)

가지와 어린 오이를 십자로 배를 갈라 끓는 물에 데쳐 면포로 물기를 닦는다. 파, 생강, 마늘, 천초를 가늘게 채썰어 십자 속에 채워 넣는다. 속을 넣은 가지와 오이 1말에 청장 1사발, 참기름 5홉의 비로 끓여 부으면 그 맛이 좋다. 여름에 적당하나 오래 둘 수는 없다.

「삼산방」, 「임원십육지」

가지오이물김치

유채꽃물김치

재료 및 분량

주재료

유채꽃
1 kg

절임

천일염
60 g(⅓컵)

김치양념

마늘
30 g

생강
10 g

식초
70 mL(⅓컵)

구운 소금
10 g(1큰술)

물
1.5 L(7컵)

담그는 법

1 춘분 후에 유채꽃을 줄기까지 따서 깨끗이 씻은 후,

2 끓는 물에 소금을 넣고 데쳐서 그대로 햇볕에 말려서 보관한다.

3 말린 유채꽃을 가볍게 씻은 후, 재료의 1.5배 물을 끓여 한 김 나간 후(60℃) 유채꽃을 담가 부드러워지면, 마늘, 생강은 곱게 다지고 식초, 구운 소금으로 간을 맞춘다.

더 맛있게 담그기

- 제철에 유채꽃을 말려 종이 봉지에 보관하고, 한 번 먹을 양만 불려서 양념한다.
- 봉선화꽃, 치자꽃도 말려서 보관하고 김치로 담가 먹는다.

 쇄운대방(曬芸臺方)

춘분 후에 유채꽃을 따서 끓는 물에 데쳐 소금을 뿌렸다 햇볕에 말려 종이 봉지에 저장한다. 사용할 때 끓는 물에 담가 기름, 소금, 생강, 식초를 섞어 먹는다.

「군방보」, 「임원십육지」

유채꽃물김치

색다른 김치

남도 색다른 김치 재료이야기

배, 방울토마토, 방풍나물, 삼채, 미삼, 씀바귀, 양배추, 오가피순, 청경채, 콜라비 등 요즘에 새롭게 접할 수 있는 다양한 채소로 만든 김치종류와 배추, 무, 갓, 깻잎, 오이 등 흔히 김치를 담가 먹는 재료를 젊은 세대와 서구적인 식생활 방식에 따라 맛과 멋이 가득한 특별한 김치를 담가보았다. 또한 김치재료로 잘 사용하지 않는 봄나물, 애호박, 적양파, 연근 등으로 제철에 김치를 담가 먹으면 영양적으로도 좋고 독특한 제철 상차림에 잘 어울리는 맛을 즐길 수 있는 색다른 김치이다.

깻 잎

들깨의 잎을 말하며, 향이 강하고 표면이 거칠다. 잎이 휘거나 비틀어지지 않고 크기가 일정한 것이 좋다. 잎이 너무 얇은 것은 저장성이 떨어진다.

배

껍질에 점무늬가 크고, 모양이 둥근 것을 고르되 꼭지 반대편 부위에 미세한 검은 균열이 없는 것을 선택해야 한다. 수분이 많고 신맛이 없으며 껍질이 얇을수록 좋다. 배의 배꼽부분이 넓고 깊을수록 좋은 배다.

미삼

내육이 단단하며 손으로 삼을 눌러보았을 때 탱탱한 수삼을 고르는 것이 좋다. 수삼을 씻을 때 솔을 이용하여 조심스럽게 씻고, 사포닌이 많은 껍질은 상처가 나지 않게 하는 것이 좋은 손질법이다.

삼채

모양이 부추와 비슷해서 뿌리부추라고도 하며, 단맛, 쓴맛, 매운맛의 세 가지 맛이 나는 채소라는 의미로 삼채라고 부른다. 미얀마, 히말라야 산맥 기슭 해발 1,400 m 이상의 초고랭지에서 자생하는 백합과 파속의 다년생 식물이다.

방풍나물

중풍에 좋은 약재로 알려진 방풍은 산야에서는 2월부터 5월까지 채취하지만 요즘은 사계절 내내 그 향과 맛을 볼 수 있는 나물이다. 김치, 장아찌, 죽, 전, 튀김 등으로 다양하게 이용된다.

씀바귀

뿌리째 먹으므로 뿌리에 잔털이 없고 너무 굵지 않은 것을 구입하는 것이 좋으며, 젖은 신문지에 싸서 봉지에 넣고 공기를 불어넣어 냉장보관하면 싱싱하게 먹을 수 있다. 쓴맛이 너무 강하면 소금물에 살짝 데쳐 쓴맛을 우려낸다.

아삭고추

꼭지부분이 싱싱하고, 윤기가 나며 단단한 것이 좋다. 씹을 때 무처럼 아삭거리며, 고추 특유의 향이 있고, 표피가 단단해서 물김치용으로 적합하다.

애호박

애호박은 청둥호박이라고 부르는 어린 호박을 말하며, 6월부터 8월이 제철이다. 싱싱하고 표면에 광택이 나며 꼭지부분에 잔털이 있고, 단단하며 밝은 초록색이 좋다.

연근

연꽃의 뿌리줄기로, 가을부터 연근 종자를 심는 5월까지 수확하며, 수염뿌리를 없앤 후 사용한다. 11월경부터 한거울까지 가장 맛이 있다. 마디 사이에 상처가 없고 무거운 것이 좋으며, 가는 것은 섬유질이 억세어 좋지 않다.

우무묵

바다에 사는 홍조류인 우뭇가사리를 끓여 체에 밭쳐낸 물을 굳혀 만든 묵이다. 우뭇가사리는 주로 여름에 채취하며, 여름철에 콩가루를 푼 얼음물이나, 단촛물에 넣어 먹는다.

적양파

어린뿌리일 때는 흰색이며 익어가면서 보라색이 생긴다. 6월에 수확하며, 겉이 단단하고 상처가 없는 것이 좋다. 윗면의 뿌리부분을 눌렀을 때 단단한 것이 좋고 껍질에 광택이 있는 것을 구입해야 한다.

청경채

중국인들이 즐겨 먹는 작은 배추의 일종으로, 특별한 맛이나 향이 없고 매우 연하다. 상큼하면서도 고소한 맛이 좋아 겉절이로 만들어 먹는다.

콜라비

순무양배추 또는 구경양배추라고도 하며, 표면이 보라색, 녹색인 것 두 종류가 있다. 맛은 배추뿌리와 비슷하지만 매운맛은 덜하다. 케일과 비슷하게 생긴 잎은 쌈채소나 녹즙으로 이용한다.

토마토

안토시안색소를 가진 붉은색의 동글동글하면서 표면이 갈라지지 않고 윤기가 있는 토마토를 선택하며, 속이 꽉 차고 단단하며 무거운 것이 좋다. 꼭지가 마르지 않고 싱싱해야 하며 잘랐을 때 과육이 치밀하고 과즙이 흘러내리지 않는 것이 좋다.

홍갓

쌉싸름하고 매운맛을 지닌 재래 홍갓은 붉은갓이라고도 하며, 잎의 앞면이 자줏빛의 붉은색을 띠고, 뒷면은 초록색이다. 홍갓 특유의 맛과 안토시안 등 천연색소를 다량 함유하고 있어 김치가 익을수록 분홍빛을 내므로 물김치를 담그거나, 무김치를 담그는 데 섞거나, 채썰어 김장김치의 소로 넣는다.

토마토배추김치

김치 양념에 토마토를 넣어 매운맛을 줄인 배추김치

재료 및 분량

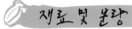

주재료

배추
2 kg

절임

천일염
130 g(⅔컵)

양념소

쪽파
100 g

김치양념

토마토
1 kg(7개)

올리브유
2큰술

고춧가루
50 g(5큰술)

양파
100 g(⅔개)

마늘
70 g

생강
30 g

멸치액젓
100 mL(½컵)

새우젓
60 g(3큰술)

찹쌀풀
100 g(½컵)

담그는 법

주재료 손질　1 배추는 반으로 가르고,

절임　2 소금을 뿌려 8시간 동안 절인 뒤 물기를 뺀다.

양념소 손질　3 쪽파는 3 ㎝ 길이로 썰고,

양념 만들기　4 토마토는 껍질과 씨를 제거한 후 올리브유 2큰술을 넣어 30분 동안 약불에서 졸인다.

　5 양파, 마늘, 생강, 멸치액젓, 새우젓, 찹쌀풀, 토마토를 함께 갈아, 고춧가루, 쪽파를 섞어 2시간 숙성시킨 다음,

버무리기　6 절인 배추에 켜켜이 양념을 바른다.

더 맛있게 담그기

- 배추김치에 고춧가루를 적게 넣고 토마토를 많이 넣어 매운맛을 줄여 아이들이 좋아하는 김치이다.
- 토마토의 씨는 신맛이 많기 때문에 제거하고, 올리브유를 넣고 졸여야 리코펜 흡수율이 좋다.

재료 및 분량

주재료

배추 5 kg
(2포기)

무 1.5 kg

절임

천일염
360 g(2컵)

구운 소금
20 g(2큰술)

물
600 mL(3컵)

부재료

홍고추
100 g(7개)

쪽파
200 g

마늘
50 g

생강
20 g

멥쌀풀
70 g(⅓컵)

물양념

청양고추
100 g(10개)

배
300 g(1개)

물
5 L(25컵)

구운 소금
20 g(2큰술)

더 맛있게 담그기
• 무배추말이의 채소가 어우러지도록 하루 동안 숙성시킨 다음 물양념을 붓는다.

담그는 법

주재료 손질
1 배추는 길이가 20 ㎝ 이상인 것을 골라 한 잎씩 떼어내고, 무는 4 ㎝ 길이로 채썬다.

절임
2 배추는 물 3컵에 소금 1컵을 풀어 적신 다음 줄기에만 소금을 뿌려 4시간 동안 절여 흐르는 물에 씻어 물기를 빼고, 무는 구운 소금으로 절인다.

부재료 손질
3 홍고추는 배를 갈라 씨를 털어내고 4 ㎝ 길이로 가늘게 채썰고, 쪽파는 흰 부분, 푸른 부분을 구분하여 각각 4 ㎝ 길이로 썰고, 마늘, 생강은 다진다.

양념 만들기
4 주재료와 동량의 물을 넣고 양념을 갈아 체에 거른 다음 소금으로 간을 맞춘다.

5 무, 마늘, 생강, 멥쌀풀을 넣어 속재료를 만든다.

버무리기
6 배추를 한 잎씩 놓고 줄기에 무채 속재료, 쪽파 푸른 부분, 흰 부분, 홍고추 순으로 놓아 줄기 쪽에서부터 돌돌 말아, 용기에 차곡차곡 채운다.

7 24시간 동안 실온에서 숙성시킨 다음 재료와 동량의 물에 소금으로 간을 하여 붓는다.

8 먹을 때는 말이를 3등분해서 그릇에 담고 국물을 붓는다.

 재료 및 분량

주재료		절임		부재료	
	무 2 kg		구운 소금 50 g(5큰술)		쪽파 100 g

물들임

	말린 맨드라미 30 g		치자 3개		부추 30 g

김치양념

청양고추 100 g(10개)	마늘 50 g	생강 20 g	멥쌀풀 70 g(⅓컵)	사과 250 g(1개)	구운 소금 약간

더 맛있게 담그기

• 김치양념을 갈아서 걸러야 색깔별로 물든 무가 구슬처럼 맑게 보인다.

담그는 법

주재료 손질
절임
1 무는 스쿠퍼를 이용하여 구슬처럼 동그랗게 파내어,
2 구운 소금으로 절인다.

부재료 손질
3 쪽파는 절였다가, 한 줄기씩 들어 잎으로 줄기를 감는다.

물들임
4 색깔별로 물을 우려낸다.
　① 맨드라미(분홍색) : 말린 맨드라미에 70℃ 물 1컵을 붓고 3시간 동안 우려낸다.
　② 치자(노란색) : 치자를 쪼개어 물 1컵을 붓고 2시간 동안 우려낸다.
　③ 부추(연두색) : 부추에 물 1컵을 붓고 갈아 체에 거른다.
5 각각의 색깔물(흰색, 분홍색, 노란색, 연두색)에 구운 소금을 약간 넣고 절인 무를 넣어 물들인 다음 채반에 받쳐 물기를 뺀다.

양념 만들기
버무리기
6 양념을 갈아 거른 다음 3시간 동안 숙성시켜,
7 재료를 함께 모아 양념을 넣고 버무린다.

깻잎말이김치

돌돌 말아 놓은 깻잎김치

깻잎 2장 사이에 소를 넣고

재료 및 분량

주재료

깻잎
1 kg

부재료

청고추
50 g(5개)　　홍고추
50 g(3개)　　양파
300 g(2개)　　쪽파
50 g　　밤
5개

김치양념

고춧가루
100 g(1컵)　　육수
200 mL
(1컵)　　마늘
30 g

생강
10 g　　멸치액젓 70
mL(⅓컵)　　청장 100
mL(½컵)

담그는 법

주재료 손질
1 깻잎은 씻어 물기를 뺀다.
2 육수 만들기 : 다시마를 먼저 찬물에 4시간 동안 담근 후, 멸치, 고추씨, 대파를 넣고 1시간 끓여 일반 육수의 4배 농축된 육수를 만든다.

절임　없음

부재료 손질
3 청·홍고추, 밤, 양파는 1 ㎝ 길이로 채썰고, 쪽파도 1 ㎝ 길이로 썬다.

양념 만들기
4 육수에 고춧가루를 풀어 불린 다음, 마늘, 생강을 갈아 넣고, 진간장, 액젓으로 간 맞추고 부재료를 섞는다.

버무리기
5 깻잎 2장에 소를 전체적으로 바르고, 깻잎 2장을 다시 펴서 소를 넣은 다음 줄기 쪽에서부터 돌돌 만다.

더 맛있게 담그기

• 오래 두고 먹고자 할 때는 깻잎모양 그대로 담갔다가 먹을 때 말아서 낸다.
• 육수는 멸치, 다시마, 고추씨, 대파를 넣어 끓인다.

봄이 되면 묵은지를 씻어 해초를 넣고
돌돌 말아 만든 김치

해초묵은지말이김치

 재료 및 분량

주재료

묵은김치
1 kg

해초(쇠미역, 가사리, 톳)
500 g

부재료

오이
2개

홍고추
50 g(3개)

구운 소금
20 g(2큰술)

김치양념

마늘
30 g

생강
10 g

청양고추청
40 g(2큰술)

매실청
80 g
(⅓컵)

겨자
2큰술

김칫국
400 mL(2컵)

담그는 법

주재료 손질 1 묵은지를 물에 씻어 물기를 빼고,

2 쇠미역, 톳은 끓는 물에 데쳐 찬물에 헹구고, 가사리는 물에 불려 물기를 뺀다.

부재료 손질 3 오이는 절반으로 잘라 어슷하게 썰고 소금에 절여 물기를 짠다. 홍고추는 채썬다.

양념 만들기 4 마늘, 생강을 갈아 겨자와 섞어 해초에 버무리고,

5 김치 씻은 국물을 체에 걸러 매실청, 청양고추청을 넣고 소금으로 간한다.

버무리기 6 묵은지를 한 잎씩 떼어 길게 놓고 해초, 오이, 홍고추를 놓고 묵은지로 돌돌 말아 용기에 담고 국물을 붓는다.

더 맛있게 담그기

● 해초묵은지말이김치에는 오징어나 생선회를 곁들여도 맛이 좋다.

방울토마토김치

새파란색의 대추방울토마토는 물러지지 않아 사각거리는 식감이 좋은 김치.

재료 및 분량

주재료

대추방울토마토
1 kg

절임
천일염
180 g(1컵)

절임물양념

천일염	식초	나무계피	생강	설탕
90 g(½컵)	100 g(½컵)	50 g	50 g	80 g(½컵)

김치양념

고춧가루	양파	마늘	새우젓	찹쌀풀
70 g	150 g	30 g	40 g	70 g
(⅔컵)	(1개)		(2큰술)	(⅓컵)

담그는 법

주재료 손질 1 푸른색의 토마토를 이쑤시개로 1~2군데를 찔러,

절임 2 소금을 뿌려 하루 동안 절여 물기를 뺀 다음, 절임물양념을 끓여 뜨거울 때 토마토에 부어 밀봉한다. 3일 후 국물만 따라내어 끓인 다음 식혀서 붓는다. 열흘 정도 지나 노랗게 삭혀지면 물기를 뺀다.

양념 만들기 3 양파, 마늘, 새우젓, 찹쌀풀을 함께 갈아 고춧가루를 섞고 3시간 동안 숙성시킨다.

버무리기 4 토마토에 양념을 넣고 버무린다.

더 맛있게 담그기
- 대추방울토마토는 외피가 두꺼워 쉽게 절여지지 않기 때문에 오랫동안 절인다.
- 끝물의 덜 익은 방울토마토는 김치 또는 장아찌용으로 좋다.

방풍나물김치

재료 및 분량

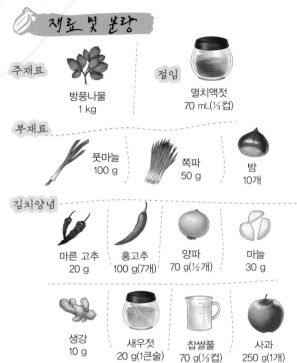

주재료 방풍나물 1 kg

절임 멸치액젓 70 mL(⅓컵)

부재료
- 풋마늘 100 g
- 쪽파 50 g
- 밤 10개

김치양념
- 마른 고추 20 g
- 홍고추 100 g(7개)
- 양파 70 g(½개)
- 마늘 30 g
- 생강 10 g
- 새우젓 20 g(1큰술)
- 찹쌀풀 70 g(⅓컵)
- 사과 250 g(1개)

담그는 법

주재료 손질 1 방풍나물을 잘 씻어 물기를 뺀 다음,

절임 2 멸치액젓에 버무려 1시간 동안 절인다.

부재료 손질 3 풋마늘은 머리 쪽이 큰 것은 반으로 갈라서 방풍잎 크기로 썰며, 방풍잎과 함께 절인다.

양념 만들기 4 양념을 갈아 3시간 동안 숙성시킨 다음,

버무리기 5 재료에 양념을 넣고 버무린다.

더 맛있게 담그기
- 갯방풍나물은 잎이 두꺼워서 물러지지 않고 향이 있어 김치나 장아찌를 담그기에 좋다.

방풍나물물김치

재료 및 분량

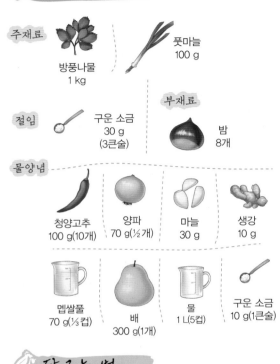

주재료
- 방풍나물 1 kg
- 풋마늘 100 g

절임 구운 소금 30 g (3큰술)

부재료 밤 8개

물양념
- 청양고추 100 g(10개)
- 양파 70 g(½개)
- 마늘 30 g
- 생강 10 g
- 멥쌀풀 70 g(⅓컵)
- 배 300 g(1개)
- 물 1 L(5컵)
- 구운 소금 10 g(1큰술)

담그는 법

주재료 손질 1 방풍나물은 씻고, 풋마늘은 방풍과 같은 크기로 잘라,

절임 2 구운 소금을 뿌려 3시간 동안 절인다.

부재료 손질 3 밤은 얄팍하게 편으로 썬다.

양념 만들기 4 양념을 갈아 고운체로 거른 다음,

버무리기 5 재료와 동량의 물을 부어 소금 간을 한다.

더 맛있게 담그기
- 방풍나물은 사각사각 씹히는 식감도 좋고 향이 좋아 물김치로 담그기에 적합하다.

방풍나물김치

갯방풍나물은 잎이 두꺼워서 아삭거리며 향이 좋은 건강식 김치

색다른 김치

배깍두기

단맛이 좋고 수분이 많은 나주배를
김치양념으로 버무려 담근 깍두기

🧅 재료 및 분량

주재료

나주배
1 kg(3개)

절임

천일염
20 g(2큰술)

부재료

쪽파
100 g

김치양념

고춧가루
30 g(3큰술)

마늘
30 g

생강
5 g

멸치액젓
15 mL(1큰술)

🧅 담그는 법

주재료 손질 1 나주배의 껍질과 씨를 도려내고 과육을 3㎝ 크기로 깍
둑썰기하여,

절임 2 소금에 절여 헹구지 않고 체에 밭친다.

부재료 손질 3 쪽파는 3㎝ 길이로 썬다.

양념 만들기 4 멸치액젓에 고춧가루를 혼합하고, 마늘, 생강을 갈아 섞
은 다음 2시간 동안 숙성시킨다.

버무리기 5 나주배를 양념으로 버무린다.

🌶 더 맛있게 담그기

● 전라남도 나주는 배의 고장으로 삼한시대부터 재배되기 시작하였으며, 1454년 조선왕
조실록 「세종실록지리지」에는 임금께 진상했다는 기록이 있다.
● 주로 생과일로 먹는 중생종인 신고배는 수분이 많고 당도가 높아 물김치에 썰어 넣거
나 배를 갈아 김치양념에 넣지만, 깍둑썰기하고 소금으로 간을 하여 김치양념에 버무
려 배깍두기로 먹기도 한다.

여름철 김치

귀한 손님을 맞을 때 담그면 좋은

오이배추말이김치

재료 및 분량

주재료

오이
5개

배추잎
10장

절임

천일염
90 g(½컵)

구운 소금
20 g(1큰술)

부재료

양파
150 g(1개)

사과
250 g(1개)

홍고추
50 g(3개)

부추
150 g

김치양념

고춧가루
30 g(3큰술)

마늘
30 g

생강
10 g

찹쌀풀
150 g(⅔큰술)

새우젓
20 g(1큰술)

담그는 법

주재료 손질
1 오이는 5 ㎝ 길이로 썰어 애플코어(사과씨 빼는 도구)로 속을 파내고, 배추잎은 줄기를 제거하고 잎만 남겨둔다.

절임
2 오이는 구운 소금을 뿌려 1시간 동안 절여 물기를 빼고, 배추잎은 소금을 뿌려 절인 다음 헹구어 물기를 뺀다.

부재료 손질
3 양파, 사과, 홍고추는 2 ㎝ 길이로 채썰고, 부추는 2 ㎝ 길이로 썬다.

양념 만들기
4 양념을 갈아 ③의 부재료를 버무려 소를 만든다.

버무리기
5 오이구멍 속에 소를 채운 다음, 배추잎으로 감싼 후 먹을 때 적당한 크기로 썰어낸다.

더 맛있게 담그기

● 오이배추말이김치는 담가서 바로 먹어도 좋고, 익혀서 먹어도 맛이 있다.
● 부추의 풋내를 사과가 감소시켜 준다.

삼채김치

뿌리부추라고도 불리는 삼채로 담근
쌉싸름한 맛의 건강식 김치

재료 및 분량

주재료	절임
삼채(뿌리부추) 1 kg	천일염 90 g(½컵) · 물 1 L(5컵)

부재료

쪽파 50 g · 멜론말랭이 50 g · 밤 5개

김치양념

마른 고추 20 g · 홍고추 100 g(7개) · 양파 70 g(½개) · 배 150 g(½개)

마늘 30 g · 생강 10 g · 새우젓 60 g(3큰술) · 녹두죽 ½컵

담그는 법

주재료 손질 1 삼채뿌리를 다듬어 씻고,

절임 2 재료와 동량의 물에 소금을 녹이고 담가 2시간 동안 절인 다음, 씻어 물기를 빼고 6 ㎝ 길이로 썬다.

부재료 손질 3 쪽파는 3 ㎝ 길이로 썰고, 멜론말랭이는 6 ㎝ 길이로 썰고, 밤은 얄팍하게 편으로 썬다.

양념 만들기 4 양념을 갈아 3시간 동안 숙성시킨 다음,

버무리기 5 모든 재료를 함께 모아 양념을 넣고 버무린다.

더 맛있게 담그기

• 뿌리부추라고도 불리는 삼채는 미얀마에서 들여와 최근 국내 생산에 성공하였으며 영양적인 효능이 뛰어나다는 보도와 함께 샐러드, 나물에 널리 이용되고 있다.

양배추깻잎물김치

 재료 및 분량

주재료

| 양배추 2 kg | 무 1 kg | 깻잎 200 g |

절임

| 천일염 260 g (1½컵) | 구운 소금 20 g (2큰술) | 물 800 mL (4컵) |

부재료

| 홍고추 200 g (14개) | 쪽파 100 g | 미나리 100 g |

물양념

| 청양고추 200 g (20개) | 마늘 50 g | 생강 20 g | 새우젓 40 g (2큰술) | 멥쌀풀 100 g (½컵) | 사과 250 g (1개) |

| 물 3.4 L (17컵) | 구운 소금 30 g (3큰술) |

담그는 법

주재료 손질
1 양배추를 4등분하여 가운데 심을 도려내고, 무는 6×5×0.2 ㎝ 두께로 썰고, 깻잎은 씻어 물기를 뺀다.

절임
2 물 4컵에 천일염 1컵을 풀어 양배추를 적시고, 두꺼운 부분에는 나머지 천일염을 뿌려 4시간 동안 절인 다음 씻어 물기를 뺀다. 무는 구운 소금에 살짝 절인다.

부재료 손질
3 홍고추는 배를 갈라 씨를 제거한 후 2 ㎝ 길이로 채썰고, 쪽파는 2 ㎝ 길이로 썰고, 미나리는 살짝 절인다.

양념 만들기
4 양념재료에 물 2컵을 부어 갈아 거른다.

버무리기
5 절여진 무를 놓고 그 위에 깻잎 2장, 양배추 2겹, 쪽파, 홍고추, 양배추 2겹, 깻잎 2장, 무를 2번 정도 반복하여 켜켜이 쌓은 다음, 미나리로 십(十)자로 묶은 다음 하루 동안 무거운 것으로 눌러놓는다.

6 재료의 1.5배 되는 40℃ 물을 소금 간하여 용기에 붓는다.

더 맛있게 담그기

● 건더기와 국물이 익는 속도가 다르므로 하루 뒤에 국물을 부어 숙성시킨다.

씀바귀김치

재료 및 분량

주재료

씀바귀
1 kg

절임

천일염
90 g(½컵)

물
1 L(5컵)

부재료

쪽파
50 g

밤
5개

멜론말랭이
50 g

김치양념

마른 고추
20 g

홍고추
100 g(7개)

양파
150 g(½개)

마늘
30 g

생강
10 g

새우젓
60 g(3큰술)

녹두죽
½컵

배
150 g(½개)

담그는 법

주재료 손질

1 씀바귀 뿌리를 다듬어 씻고,

절임

2 동량의 물에 소금을 풀어 8시간 동안 담가 쓴맛을 뺀 다음, 6㎝ 길이로 썬다.

부재료 손질

3 쪽파는 3㎝ 길이로 썰고, 밤은 얇팍하게 썰고, 멜론말랭이는 6㎝ 길이로 썬다.

양념 만들기

4 양념을 갈아 3시간 동안 숙성시킨 다음,

버무리기

5 모든 재료를 양념으로 버무린다.

더 맛있게 담그기

- 씀바귀는 봄에 순이 나기 전에 뿌리와 새순을 먹을 수 있는데 김치를 담글 때는 씀바귀 뿌리를 사용한다.
- 봄에 쓴맛이 나는 나물을 먹으면 더운 여름을 잘 보낼 수 있다.

씀바귀물김치

재료 및 분량

주재료

씀바귀 어린순
1 kg

절임

천일염
90 g(½컵)

물
1 L(5컵)

부재료

무
500 g

배
300 g(1개)

쪽파
50 g

물양념

홍고추
100 g(7개)

양파
150 g(1개)

마늘
30 g

생강
10 g

대추고
½컵

물
1 L(5컵)

구운 소금
10 g
(1큰술)

담그는 법

주재료 손질

1 씀바귀순을 뿌리째 가볍게 씻는다.

절임

2 동량의 물에 소금을 녹이고 3시간 동안 담가 쓴맛을 뺀 다음, 물에 씻어 물기를 뺀다.

부재료 손질

3 무와 배는 꽃모양 틀에 찍어 0.3㎝ 두께로 썰어 살짝 절이고, 쪽파는 2㎝ 길이로 썬다.

양념 만들기

4 양념에 갈아 체에 거른 다음,

버무리기

5 씀바귀, 무, 배, 쪽파에 양념을 넣고 버무린 다음, 재료와 동량의 물을 붓고 소금 간을 한다.

더 맛있게 담그기

- 씀바귀순은 쓴맛이 강하지만 배와 대추고를 사용하면 쓴맛이 감소한다.
- 대추고는 대추를 물에 고아 거른 후 죽상태로 졸인 상태로 멥쌀풀 대신 대추고를 넣으면 대추고의 단맛이 씀바귀의 쓴맛을 감소시킨다.
- 멜론말랭이를 6㎝ 길이로 썰어 넣기도 한다.

씀바귀물김치

쓴맛이 나는 씀바귀에
멜론말랭이를 넣어 담근 김치

애호박을 살짝 익혀 양념소를 넣어 만든 아삭거리는 김치

애호박숙김치

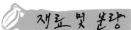 재료 및 분량

주재료

애호박
1 kg(5개)

절임

구운 소금
30 g(3큰술)

양념소

청고추 30 g(3개)	홍고추 50 g(3개)	양파 150 g(1개)	쪽파 50 g	미나리 30 g

김치양념

홍고추 100 g(7개)	마늘 30 g	생강 10 g	새우젓 60 g(3큰술)	찹쌀풀 50 g(¼컵)

담그는 법

주재료 손질   1 애호박을 도마에 눕혀 놓고 위에서부터 아래 2 ㎝ 부분
까지 1.5 ㎝ 간격으로 어슷하게 칼집을 넣는다.

절임   2 소금을 뿌려 2시간 동안 절인 다음, 물기를 빼고 김 오른
찜기에 2분간 찐다.

양념소 손질   3 청·홍고추는 2 ㎝ 길이로 채썰고, 양파도 채썰며, 쪽파,
미나리는 2 ㎝ 길이로 썬다.

양념 만들기   4 양념을 갈아 양념소를 넣고 버무려 2시간 동안 숙성시
킨 다음,

버무리기   5 호박이 식으면 칼집 넣은 부분에 양념소를 채워 넣는다.

더 맛있게 담그기

- 애호박은 숙김치 담그기에 가장 좋은 재료로서, 소금에 절였다가 살짝 찌면 아삭거려
  식감이 좋고, 김치를 담가 먹으면 색다른 맛을 느낄 수 있다.
- 애호박숙김치는 오래 두면 맛이 좋지 않으므로 소량씩 담가 먹는다.

무와 연근을 연잎에 싸서 담근
연잎향이 잘 어우러진 무안군 향토음식

재료 및 분량

주재료

| 연근 500 g | 배추속대 500 g | 무 500 g | 연잎 5장 |

절임

부재료

| 구운 소금 90 g(½컵) | 쌀뜨물 1 L(5컵) | 쪽파 50 g | 밤 5개 |

김치양념

| 마른 고추 80 g | 마늘 40 g | 생강 20 g | 새우젓 60 g (3큰술) | 찹쌀풀 70 g (⅓컵) | 사과 250 g (1개) |

담그는 법

주재료 손질 1 연근은 껍질을 벗기고 얄팍하게 편으로 썬다. 무는 3×3 ×0.3 ㎝로 썰고, 배추속대는 무와 같은 크기로 썬다.

절임 2 연근은 쌀뜨물에 3시간 동안 담갔다가 씻어, 연근, 무, 배추를 소금에 절여 헹구지 않고 물기를 뺀다.

부재료 손질 3 쪽파는 2 ㎝ 길이로 썰고, 밤은 얄팍하게 편으로 썬다.

양념 만들기 4 양념을 갈아 3시간 동안 숙성시킨 다음,

버무리기 5 재료에 양념을 넣어 버무리고, 연잎에 적당량씩 넣고 감 싸 용기에 차곡차곡 담는다.

더 맛있게 담그기

- 연잎에 싼 김치는 쉽게 물러지지 않으며, 연잎향이 좋은 김치이다.

색다른 김치 293

오가피순김치

재료 및 분량

주재료
오가피순
1 kg

부재료
풋마늘
200 g

김치양념
마른 고추
20 g

홍고추
100 g(7개)

양파
230 g(1½개)

마늘
30 g

생강
10 g

찹쌀풀
70 g(⅓컵)

새우젓
40 g(2큰술)

사과
250 g(1개)

담그는 법

주재료 손질
1 오가피순을 나무에서 따온 그대로 끓는 물에 데쳐 다듬고 씻어 물기를 뺀다.

절임
없음

부재료 손질
2 풋마늘은 썰지 않고 그대로 끓는 물에 데친 다음, 오가피순 길이로 잘라 물기를 뺀다.

양념 만들기
3 양념을 갈아 3시간 동안 숙성시킨 다음,

버무 리기
4 오가피순, 풋마늘에 양념을 넣어 버무린다.

더 맛있게 담그기
- 오가피순은 잎이 넓어져도 억세지 않으므로 김치를 담그기에 적합하다.
- 풋마늘은 데치면 단맛이 많아 오가피순김치와 잘 어울린다.

오가피순물김치

재료 및 분량

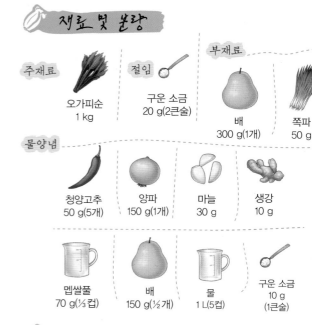

주재료
오가피순
1 kg

절임
구운 소금
20 g(2큰술)

부재료
배
300 g(1개)

쪽파
50 g

물양념
청양고추
50 g(5개)

양파
150 g(1개)

마늘
30 g

생강
10 g

멥쌀풀
70 g(⅓컵)

배
150 g(½개)

물
1 L(5컵)

구운 소금
10 g
(1큰술)

담그는 법

주재료 손질
1 오가피순은 나무에서 따온 그대로 끓는 물에 데쳐서 다듬고 씻어 물기를 빼고,

절임
2 구운 소금을 뿌려 살짝 절인다.

부재료 손질
3 배는 모양틀에 찍어 0.3 ㎝ 두께로 썰고, 쪽파는 2 ㎝ 길이로 썬다.

양념 만들기
4 양념에 재료와 동량의 물을 붓고 갈아서 고운체로 걸러 소금 간을 한다.

버무 리기
5 오가피순, 배, 쪽파에 양념을 붓는다.

더 맛있게 담그기
- 물김치용은 오가피순이 피지 않은 어린순으로 담가야 식감이 좋다.

오가피순물김치

오가피순을 데쳐서 풋마늘과 함께 담가

쓴맛을 줄인 물김치

여름철 별미 김치

우뭇가사리로 만든 다양한 색깔의 묵을 넣은

우무물김치

재료 및 분량

주재료

말린 우뭇가사리
200 g

물
1.2 L(6컵)

구운 소금
약간

부재료

마른 식용꽃
10 g

마른 맨드라미
(천연색소)

치자
5개

부추
200 g

물양념

청양고추
50 g(5개)

마늘
30 g

생강
10 g

배
30 g(1개)

물
200 mL
(1컵)

구운 소금
3 g
(1작은술)

곁들임

오이
30 g

배
50 g(1/6개)

무순
20 g

담그는 법

주재료 손질 1 우뭇가사리를 불려 6배의 물을 붓고 4시간 동안 끓여 ⅓로 물이 줄어들면 고운체에 걸러 한 번 더 끓인다. 청이 생기기 시작하면 소금을 약간 넣고 각각의 천연색소를 넣어 틀에 붓고 마른 꽃을 넣어 2시간 동안 굳힌 다음 손가락 굵기로 썬다.

절임 없음

부재료 손질 2 색깔별로 물을 우려내기
① 맨드라미(분홍색) : 말린 맨드라미에 70℃ 물 1컵을 붓고 3시간 동안 우려낸다.
② 치자(노란색) : 치자를 쪼개어 물 1컵을 붓고 2시간 동안 우려낸다.
③ 부추(연두색) : 부추에 물 1컵을 붓고 갈아 체에 거른다.

양념 만들기 3 양념을 갈아 체에 거른 다음, 각각의 천연색소를 우려낸 물에 섞고 소금 간을 한다.

버무리기 4 우무를 냉장보관하고, 국물은 냉동시켜 슬러시 상태로 만들어 우무에 붓는다. 오이 채썬 것, 배 채썬 것, 무순을 곁들여 낸다.

더 맛있게 담그기

• 우뭇가사리의 손질이 번거로우면 가공한 한천을 사용하여도 된다.

아삭하게 씹히는 고추와 무채가

입맛을 돌게 하는 물김치

아삭이고추물김치

🧄 재료 및 분량

주재료

아삭이고추 1 kg

쪽파 100 g

절임

구운 소금 180 g(1컵)

양념소

무 500 g

양파 300 g(2개)

홍고추 50 g(3개)

쪽파 50 g

물양념

청양고추 50 g(5개)

마늘 30 g

생강 10 g

멥쌀풀 70 g(⅓컵)

배 300 g(1개)

물 200 mL (1컵)

구운 소금 3 g (1작은술)

🧄 담그는 법

주재료 손질
1. 아삭이고추는 꼭지가 붙은 채 씻어 휘어진 안쪽에 칼집을 내고,

절임
2. 물 4컵에 소금 1컵을 녹여 고추를 넣고 봉지에 담아 굴리면서 하루 동안 절이고, 쪽파는 잎만 절여 줄기를 감는다.

양념소 손질
3. 무, 양파는 2 ㎝ 길이의 고운 채로 썰고, 쪽파, 홍고추는 1 ㎝ 길이로 썬다.

양념 만들기
4. 마늘, 생강, 멥쌀풀을 갈아 부재료에 섞어 소금 간을 하여 양념소를 만든다.

버무리기
5. 물기를 뺀 고추에 양념소를 넣고 용기에 양념소가 위로 보이게 차곡차곡 담으면서 쪽파를 사이에 넣어 실온에서 이틀간 숙성시킨다.
6. 청양고추, 배, 재료의 1.5배의 물을 함께 갈아 소금 간을 하고, 김치에 붓는다.

🧄 더 맛있게 담그기

- 아삭이고추는 외피가 두꺼워 잘 절여지지 않으므로 장시간 절이며, 김치를 담가 오랫동안 두고 먹을 수 있다.
- 고추를 간해 물에 씻으면 빨리 물러지기 때문에 구운 소금으로 간을 한다.

적양파 물김치

보라색을 띠어 보기에 아름다우며 기능성이 뛰어난 적양파 김치

재료 및 분량

주재료

적양파
2 kg

부재료

청양홍고추
100 g(7개)

마늘
100 g

레몬
1개

김치양념

| 생강 30 g | 구운 소금 30 g (3큰술) | 설탕 90 g (½컵) | 식초 100 mL (½컵) | 마른 계피 30 g | 물 3 L (15컵) |

담그는 법

주재료 손질   1 적양파의 줄기부분에 2 ㎝ 깊이로 십(十)자 칼집을 낸다.

절임   없음

부재료 손질   2 청양홍고추는 끝만 자르고, 마늘은 통으로, 레몬은 4등분한다.

양념 만들기   3 재료의 1.5배 물에 소금, 편으로 썬 생강, 계피를 넣어 끓인 다음, 식초, 설탕을 넣는다.

버무리기   4 양념이 뜨거울 때 적양파, 홍고추, 마늘, 레몬에 부어 밀봉한다.

더 맛있게 담그기

- 뜨거울 때 부어야 양파가 아삭거리고, 산성이 첨가되면 색이 더욱 고와진다.
- 2~3일 숙성되면 먹을 수 있고 국물맛이 새콤달콤하며 시원하면 맛이 더 좋다.

무를 꽃모양으로 찍어내어 담근 물김치

매화무물김치

재료 및 분량

주재료

무
1 kg

절임

구운 소금
30 g(3큰술)

부재료

청고추
20 g(2개)

홍고추
30 g(2개)

밤
2개

김치양념

청양고추
50 g(5개)

홍피망
50 g(1개)

마늘
50 g

생강
20 g

멥쌀풀
50 g(¼컵)

배
300 g(1개)

물
1.5 L
(7컵)

구운 소금
20 g
(2큰술)

담그는 법

주재료 손질 1 무는 매화모양 틀에 찍어내어 칼집을 낸 다음,

절임 2 구운 소금에 절여 헹구지 않고 체에 밭친다.

부재료 손질 3 청고추와 홍고추는 0.5 ㎝ 길이로 썰고, 홍고추는 고춧물이 빠지도록 물에 살짝 헹구어 물기를 빼놓고, 밤은 채썬다.

양념 만들기 4 홍피망, 청양고추, 마늘, 생강, 배, 멥쌀풀을 갈아 고운체로 걸러서 구운 소금으로 간을 한다.

버무리기 5 매화모양 무에 청·홍고추, 밤채를 넣고 양념을 붓는다.

더 맛있게 담그기

● 물김치 물의 양은 재료의 1.5배로 붓는 것이 적절하다.

색다른 김치 299

아삭아삭한 식감이 입맛을 돋우는 걸절이식 김치

청경채 김치

재료 및 분량

주재료

청경채
1 kg

부재료

풋마늘
50 g

미나리
30 g

홍고추
20 g(1개)

김치양념

고춧가루
50 g
(½컵)

마늘
30 g

생강
10 g

멸치액젓
30 mL
(2큰술)

찹쌀풀
100 g
(½컵)

담그는 법

주재료 손질 　1 청경채는 깨끗이 씻어 물기를 뺀다.

절임 　없음

부재료 손질 　2 풋마늘, 미나리 3㎝ 길이로 썰고, 홍고추는 어슷썬다.

양념 만들기 　3 마늘, 생강, 찹쌀풀은 갈고, 고춧가루와 멸치액젓을 섞어 2시간 동안 숙성시킨 다음,

버무리기 　4 청경채에 부재료를 섞어 양념으로 버무린다.

더 맛있게 담그기

- 청경채김치에 물양념을 하여 물김치로 담그기도 한다.
- 청경채는 잎줄기가 엷은 청록색을 띠고, 광택이 있으며 싱싱한 것이 좋다.

재료 및 분량

주재료

콜라비
1 kg(2개)

절임

구운 소금
30 g(3큰술)

부재료

쪽파
100 g

김치양념

고춧가루
30 g(3큰술)

마늘
30 g

생강
5 g

멸치액젓
15 mL(1큰술)

담그는 법

주재료 손질 1 콜라비의 두꺼운 껍질이나 옹이를 파내고 2 ㎝ 크기로 깍둑썰기를 한다.

절임 2 콜라비를 구운 소금에 절여 행구지 않고 체에 밭친다.

부재료 손질 3 쪽파는 3 ㎝ 길이로 썬다.

양념 만들기 4 멸치액젓에 고춧가루를 혼합하고, 마늘, 생강을 갈아 섞은 다음 2시간 동안 숙성시킨다.

버무리기 5 콜라비, 쪽파를 양념으로 버무린다.

더 맛있게 담그기

- 기후가 온난화되면서 아열대 채소가 많이 생산되고 있어 이를 활용하여 개발한 김치이다.
- 안토시아닌이 다량 함유되어 있는 콜라비는 여름철에 제격인 깍두기이다.

토마토소박이

속을 채운 아삭한 식감의 김치

토마토에 칼집을 넣어 부추와 쪽파로

재료 및 분량

주재료

토마토
6개

절임

구운 소금
30 g(3큰술)

부재료

쪽파
30 g

부추
10 g

김치양념

고춧가루
20 g(2큰술)

마늘
20 g

생강
5 g

멥쌀풀
15 g(1큰술)

올리브유
1큰술

담그는 법

주재료 손질　1 토마토는 윗부분을 십(十)자로 작은 칼집을 내어 2분 동안 데쳐 찬물에서 겉껍질을 벗긴다.

절임　2 토마토 아랫부분 1 ㎝를 두고 칼집을 깊게 내어 구운 소금을 뿌려 1시간 동안 절인 다음 물기를 뺀다.

부재료 손질　3 쪽파, 부추는 1 ㎝ 길이로 썰고,

양념 만들기　4 멥쌀풀과 올리브유에 고춧가루를 풀어 다진 마늘과 생강, 쪽파, 부추를 버무려,

버무리기　5 토마토 속에 버무린 부재료를 넣는다.

더 맛있게 담그기

- 토마토로 김치를 담글 때는 너무 익은 토마토는 쉽게 무르기 때문에 단단한 육질의 토마토가 좋다.
- 풋채소로 담그는 김치는 풀을 넣어야 풋내가 나지 않고 맛이 좋다.

홍갓연근물김치

홍갓의 고운 물이 연근에 잘 들어 맛을 한층 더한 물김치

🥒 재료 및 분량

주재료

홍갓
2 kg

연근
500 g

절임

천일염
180 g(1컵)

구운 소금
20 g(1큰술)

쌀뜨물
600 mL(3컵)

부재료

쪽파
100 g

물양념

청양고추
100 g(10개)

마늘
50 g

생강
20 g

멥쌀풀
100 g(½컵)

배
300 g(1개)

물
3 ℓ(15컵)

구운 소금
10 g(1큰술)

🥒 담그는 법

주재료 손질 1 홍갓은 다듬어 씻고, 연근은 껍질을 벗겨 2 ㎜ 두께로 썰어 쌀뜨물에 3시간 동안 담갔다가 물로 헹군다.

절임 2 홍갓 줄기에 소금을 뿌려 2시간 동안 절여 물에 한 번 헹군 다음 물기를 빼서 5 ㎝ 길이로 썰고, 연근은 구운 소금에 절인다.

부재료 손질 3 쪽파는 2 ㎝ 길이로 썬다.

양념 만들기 4 양념에 물 2컵을 붓고 갈아 거른다.

바르는 단계 5 홍갓, 연근, 파에 양념을 넣고 버무려 하루가 지난 다음, 재료의 1.5배 되는 40℃의 물을 붓고 소금 간을 한다.
6 연근이 보라색으로 물들면 먹는다.

🥒 더 맛있게 담그기

• 갓물김치에 홍고추를 쓰면 물색깔이 흐려지므로 청양고추를 쓰고 연근은 두껍게 썰면 뻑뻑하므로 얇게 썬다.

말랭이
김치

가지말랭이김치　　감말랭이김치　　늙은호박말랭이김치　　당근말랭이김치

돼지감자말랭이김치　　무말랭이김치　　버섯말랭이김치

사과말랭이김치　　연근말랭이김치

토마토말랭이김치

남도 말랭이김치 재료이야기

봄, 여름, 가을에 나는 제철채소, 뿌리채소, 과일, 버섯 등을 햇볕에 말리면 수분이 빠지면서 각종 영양분이 농축되고 진한 풍미와 독특한 질감이 더해지며 햇볕의 양기에 의해 따뜻한 성질로 변하게 된다. 필요할 때 언제든지 불려서 사용할 수 있으며 계절과 상관없이 수시로 담가 먹을 수 있고, 매운맛을 조절할 수 있어 누구나 즐길 수 있는 말랭이김치는 다른 음식에 곁들여도 잘 어울린다.

가지말랭이

처서가 지난 후부터 통째로 사용할 때는 소금에 절여서 꾸덕꾸덕하게 말리고, 잘라서 말릴 때는 연한 소금물에 잠깐 담갔다가 말려야 갈변을 막으며, 불릴 때 김치용은 쌀뜨물에 주물러 씻어 액젓에 서서히 불리고, 나물은 삶아서 불린다.

늙은호박 말랭이

10월 이후 늙은호박 겉에 분이 충분히 나면 껍질을 벗긴 뒤, 속씨를 긁어내고 모양 그대로 1㎝ 두께로 돌려가면서 잘라 긴 끈처럼 말렸다가, 불릴 때는 물에 담그지 않고 가볍게 씻어 남은 수분으로 불린다.

감말랭이

단감은 칩모양이 적당하므로 세로방향 0.3㎝ 두께로 썰어 씨를 분리한 뒤 건조기에 말리고, 대봉감은 생감일 때 가로방향 1㎝ 두께로 썰어 햇볕에서 곶감보다 수분이 적게 말려 냉동보관하였다가 사용할 때 가볍게 씻어 김치양념으로 버무려 불린다.

당근말랭이

원형 그대로 0.5㎝ 두께로 썰어 수분이 거의 없게 말려 그물망에 보관하고, 불릴 때는 가볍게 씻어 소금을 뿌려 서서히 불린다.

**돼지감자
말랭이**

뚱딴지라고도 불리는 돼지감자는 10월 이후 캐내어 모양 그대로 0.3 ㎝ 두께로 썰어 연한 소금물에서 전분을 빼고, 물기를 뺀 다음 바싹 말린다. 불릴 때는 주물러 씻고 액젓을 뿌려 불린다.

사과말랭이

껍질째로 말려야 좋고 장아찌나 김치용은 0.5 ㎝ 두께로 썰어 설탕물에 담가 갈변을 막고, 꾸덕꾸덕하게 말려 냉동보관하여 두었다가 사용할 때 살짝 씻어 양념을 뿌려 불린다. 칩으로 말릴 때는 세로 0.3 ㎝ 두께로 썰어 설탕물에 담갔다가 건조기에서 바싹 말린다.

무말랭이

가을무를 말리면 생무보다 12배 이상의 칼슘이 생긴다. 너무 잘게 썰어 말리면 식감과 모양이 좋지 않으므로 2 ㎝ 두께로 썰어 말린다. 은행잎 모양으로 썰어 말려도 좋다. 불릴 때는 가볍게 씻어 간장, 액젓, 고추청 등을 넣어 간이 있는 양념으로 불려야 쫄깃하다.

연근말랭이

겨울에 캐낸 연근을 사용하며, 껍질을 벗기면 갈변이 일어나므로 필요한 만큼의 크기로 잘라 쌀뜨물에 담갔다가 끓는 물에 소금, 식초를 넣고 살짝 데쳐 말린다. 불릴 때는 더디게 불려지므로 쌀뜨물에 주물러 맑은 물로 헹군 후 용도에 따라 간장, 액젓을 뿌려 천천히 불린다. 칩으로 만들 경우 얇게 썰어 데쳐서 말리면 바로 먹을 수 있다.

버섯말랭이

표고버섯, 참타리버섯은 모양 그대로 말리고, 새송이버섯은 세로 1 ㎝ 두께로 썰어, 수분이 많지 않으므로 하루 동안 말리면 된다. 표고버섯은 물에 충분히 불리고, 다른 버섯은 10분 정도 물에 불린 다음, 간장, 액젓을 뿌려 천천히 불린다.

토마토말랭이

세로 방향으로 1 ㎝ 두께로 썰어 면포(키친타월)를 깔고 물기를 제거한 다음, 햇볕에 꾸덕꾸덕 말려 냉동보관해 두었다가, 사용할 때는 가볍게 씻어 바로 사용한다. 너무 많이 말렸을 때는 생토마토즙으로 불려서 사용한다.

가지 말랭이 김치

햇볕을 충분히 받고 자란 제철에 나는 가지를 말려두었다가 항상 담글 수 있는 김치

재료 및 분량

주재료

| 말린 가지 500 g | 쌀뜨물 1 L(5컵) | 멸치액젓 70 mL(⅓컵) | 매실청 80 g(⅓컵) |

부재료

| 양파 150 g(1개) | 쪽파 50 g | 밤 6개 |

김치양념

| 마른 고추 60 g | 마늘 30 g | 생강 10 g |

| 찹쌀풀 50 g(¼컵) | 사과 250 g(1개) |

담그는 법

주재료 손질 1 말린 가지를 쌀뜨물에 10분간 담가 부드러워지면 맑은 물에 헹구어 물기를 빼고, 액젓, 매실청에 담가 불린다.

절임 없음

부재료 손질 2 양파와 밤은 채썰고, 쪽파는 2.5㎝ 길이로 썬다.

양념 만들기 3 양념을 갈아 3시간 동안 숙성시킨 다음 부재료를 섞는다.

버무리기 4 가지 속에 소를 넣고, 그릇에 남은 양념에 물을 부어 소금으로 간하여 붓는다.

더 맛있게 담그기

● 가지는 생으로 김치를 담그면 스펀지 같으므로 살짝 찌거나 말려서 담가야 훨씬 맛이 좋다.

감말랭이 김치

재료 및 분량

주재료

감말랭이
500 g

절임

고추청
80 g(⅓컵)

구운 소금
20 g(2큰술)

김치양념

홍고추
80 g(5개)

양파
70 g(½개)

마늘
30 g

생강
10 g

사과
120 g(½개)

담그는 법

주재료 손질 1 가을에 대봉감을 쪼개어 말린 다음 한 번 씻어,

절임 2 고추청, 소금을 넣고 버무려 불린다.

부재료 손질 없음

양념 만들기 3 양념을 갈아 3시간 동안 숙성시킨 다음,

버무리기 4 알맞게 불려진 감에 양념을 넣어 버무린다.

더 맛있게 담그기

- 감말랭이는 물에 담가 불리면 물컹해지므로 고추청으로 불려야 쫄깃거리고, 감말랭이는 김치를 담갔을 때 쉽게 물러지고 끈적거리므로 찹쌀풀을 넣지 않는다.

늙은호박말랭이 김치

늙은호박을 말려 두었다가 새우젓국에 불려 알타리무와 같이 담근 김치

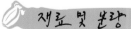 재료 및 분량

주재료

늙은호박말랭이
500 g

알타리무
2 kg

절임

물
500mL
(2½컵)

천일염
180 g(1컵)

부재료

쪽파
100 g

김치양념

청양고추
50 g(5개)

홍고추
300 g(20개)

양파
150 g(1개)

마늘
50 g

생강
20 g

새우젓
80 g(⅓컵)

멥쌀풀
70 g(⅓컵)

사과
250 g(1개)

담그는 법

주재료 손질 1 늙은호박말랭이는 물에 가볍게 씻고, 알타리무는 껍질째 깨끗이 씻는다.

절임 2 늙은호박말랭이는 새우젓 국물에 불리고,
3 소금의 절반을 물에 녹여 알타리무에 적시고 나머지 절반은 뿌려 3시간 동안 절인 다음, 헹구어 알타리무를 2등분하고 물기를 뺀다.

부재료 손질 4 쪽파는 3 ㎝ 길이로 썬다.

양념 만들기 5 양념을 갈아 2시간 동안 숙성시킨 다음,

버무리기 6 알타리무, 늙은호박말랭이, 쪽파에 양념을 넣어 버무린 다음, 알타리무를 호박말랭이로 감아서 용기에 담는다.

더 맛있게 담그기

- 늙은호박은 생것으로 김치를 담그면 익을수록 국물맛이 개운해진다.
- 알타리무가 익으면 시원한 맛이 더해져 맛이 좋다.
- 늙은호박이 많이 익으면 찌개로 끓여도 맛이 좋다.

공기 중에서 쉽게 산화되어 색이 옅어지는 당근을 말려 단맛과 향을 증가시킨 말랭이 김치

재료 및 분량

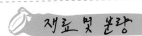

주재료

당근
2 kg

절임

멸치액젓
100 mL
(½컵)

부재료

말린 사과
50 g

쪽파
50 g

김치양념

고춧가루
100 g(1컵)

양파
150 g(1개)

마늘
30 g

생강
10 g

찹쌀풀
70 g(⅓컵)

담그는 법

주재료 손질 1 당근을 0.5 ㎝ 두께로 썰어 둥근 모양 그대로 햇볕에 하루 동안 말린다.

절임 2 말린 당근과 사과를 물에 씻어 물기를 뺀 다음, 멸치액 젓에 버무린다.

부재료 손질 3 쪽파는 3 ㎝ 길이로 썬다.

양념 만들기 4 양념을 갈아 3시간 동안 숙성시킨 다음,

버무리기 5 말린 당근, 말린 사과, 쪽파에 양념을 넣어 버무린다.

더 맛있게 담그기

● 말랭이는 물에 오래 불리면 쫄깃한 식감이 줄어들기 때문에 액젓에 불려야 식감이 좋아지며, 간이 잘 밴다.

식감이 좋은 김치

감자처럼 생겼지만 말리면 쫄깃쫄깃한

돼지감자말랭이김치

재료 및 분량

주재료

말린 돼지감자
800 g

사과말랭이
200 g

절임

쌀뜨물
600 mL(3컵)

매실청
100 mL(½컵)

새우젓국물
50 mL(¼컵)

부재료

쪽파
50 g

김치양념

홍고추
200 g(3개)

양파
150 g(1개)

마늘
50 g

생강
20 g

새우젓
60 g(3큰술)

찹쌀풀
50 g(¼컵)

담그는 법

주재료 손질   **1** 말린 돼지감자는 쌀뜨물에 10분간 담갔다가 주물러서 쓴맛을 뺀 후, 물기를 빼고, 사과말랭이는 물에 살짝 씻는다.

절임   **2** 말린 돼지감자는 매실청, 새우젓국물을 넣고 버무려 불린다.

부재료 손질   **3** 쪽파는 2 ㎝ 길이로 썬다.

양념 만들기   **4** 양념을 갈아 쪽파를 넣고 3시간 동안 숙성시킨 다음,

버무리기   **5** 말린 돼지감자, 사과말랭이에 양념을 넣고 버무린다.

더 맛있게 담그기

- 돼지감자는 0.5 ㎝ 두께로 썰어 소금물에 1시간 동안 담갔다가 전분이 빠지면 말린다.
- 돼지감자는 전분이 많으므로 전분을 잘 빼야 물러지지 않고 쫄깃거리며, 사과말랭이와 같이 김치를 담그면 맛이 좋다.

무말랭이김치

단맛이 있는 가을무를 말려 꼬들꼬들한

식감이 좋은 김치

🧄 재료 및 분량

주재료

무말랭이
1 kg

절임

멸치액젓
70 mL(⅓컵)

설탕
30 g(2큰술)

부재료

쪽파
50 g

김치양념

마른 고추
60 g

마늘
30 g

생강
10 g

찹쌀풀
50 g(¼컵)

양파
70 g(½개)

새우젓
60 g(3큰술)

사과
120 g(½개)

🧄 담그는 법

주재료 손질 1 가을에 무를 세로로 십(十)자로 잘라 은행잎 모양으로 0.7 ㎝ 두께로 잘라 햇볕에 말린다.

절임 2 말린 무를 가볍게 씻어 액젓, 설탕에 1시간 동안 불린다.

부재료 손질 3 쪽파는 3 ㎝ 길이로 썬다.

양념 만들기 4 양념을 갈아 2시간 동안 숙성시킨 다음,

버무리기 5 무말랭이, 쪽파에 양념을 넣어 버무린다.

🥬 더 맛있게 담그기

- 무말랭이는 물에서 오래 불리면 물러지므로 액젓에 불려야 쫄깃쫄깃하다.
- 무말랭이는 가을무로 말려야 단맛이 좋고, 은행잎 모양으로 말리면 새로운 말랭이김치가 된다.

버섯말랭이김치

새송이버섯, 표고버섯, 느타리버섯을 말려
김치를 담가 향이 좋은 김치

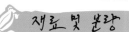 재료 및 분량

주재료

 새송이버섯
500 g

절임

 유자청
80 g(⅓컵)

 청양고추청
80 g(⅓컵)

 멸치액젓
100 mL(½컵)

고명

 밤
1개

 대추
2개

 청·홍고추
각 1개

김치양념

 홍고추
150 g(10개)

 양파
150 g(1개)

 마늘
30 g

 생강
10 g

멥쌀풀
60 g(¼컵)

담그는 법

주재료 손질 1 새송이버섯은 1 ㎝ 두께로 길이방향으로 썰어, 햇볕에 2
일간 말린다.

절임 2 말린 버섯을 살짝 씻은 다음, 유자청, 청양고추청, 멸치
액젓을 넣어 버무렸다가 불린다.

부재료 손질 3 고명 : 밤, 대추, 청·홍고추를 가는 채로 썬다.

양념 만들기 4 양념을 갈아 3시간 동안 숙성시킨 다음,

버무리기 5 버섯에 양념을 버무리고 고명을 올린다.

> **더 맛있게 담그기**
> ● 말린 버섯은 식감이 쫄깃거리고 영양이 좋은 김치이며, 오래 두고 먹어도 좋다.

달고 새콤한 맛이 나는 사과를
말려서 담가 먹는 별미 김치

사과말랭이김치

재료 및 분량

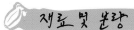

주재료		절임	
	말린 사과 1 kg		멸치액젓 50 mL(¼컵)

부재료

쪽파 50 g	생밤 10개

김치양념

홍고추 150 g(10개)	양파 150 g(1개)	마늘 50 g

생강 20 g	찹쌀풀 50 g(¼컵)

담그는 법

주재료 손질 **1** 말린 사과를 살짝 씻어,

절임 **2** 멸치액젓에 불린다.

부재료 손질 **3** 쪽파는 2 ㎝ 길이로 썰고, 밤은 얄팍하게 편으로 썬다.

양념 만들기 **4** 양념을 갈아 3시간 동안 숙성시킨 다음,

버무리기 **5** 사과에 양념을 넣고 버무린다.

 더 맛있게 담그기

- 말랭이는 물에 오랫동안 불리면 물러지므로, 간장, 멸치액젓, 소금물 등으로 간이 배도
  록 불리면 쫄깃거림이 오랫동안 유지된다.
- 말랭이 양념은 뻑뻑하지 않도록 홍고추 생것을 양념으로 사용한다.

연근말랭이김치

귀중한 약재로 쓰이는 연근을 말려 담가

쫄깃쫄깃거리는 식감을 더한 김치

재료 및 분량

주재료

연근말랭이
500 g

쌀뜨물
1 L(5컵)

절임

멸치액젓
100 mL(½컵)

고추청
80 g(⅓컵)

부재료

사과말랭이
50 g

쪽파
50 g

김치양념

홍고추
120 g(8개)

양파
70 g(½개)

마늘
30 g

생강
10 g

찹쌀풀
80 g(⅓컵)

담그는 법

주재료 손질 1 연근말랭이는 쌀뜨물에 20분간 불린 다음 물에 씻어 물기를 빼고,

절임 2 멸치액젓, 고추청으로 버무려 불린다.

부재료 손질 3 사과말랭이는 한 번만 헹구어 불리고, 쪽파는 2㎝ 길이로 썬다.

양념 만들기 4 양념을 갈아 3시간 동안 숙성시킨 다음,

버무리기 5 연근말랭이, 사과말랭이, 쪽파에 양념을 넣고 간이 배도록 주무른다.

더 맛있게 담그기

- 연근말랭이는 다른 말랭이 재료에 비해 쉽게 불려지지 않으므로 쌀뜨물에 불린다.
- 말랭이 종류 중에서 연근말랭이김치는 오랫동안 저장이 가능하며 실온에 너무 오래 두면 맛이 저하되므로 냉장보관한다.

토마토말랭이김치

토마토를 말리면 고유의 향이 풍부해지고 당도가 훨씬 높아 말랭이어 적합한 김치

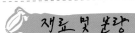

재료 및 분량

주재료
말린 토마토
500 g

절임

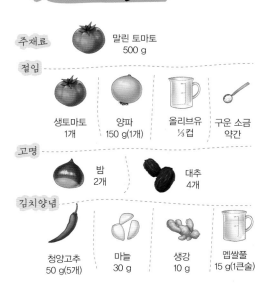

생토마토 | 양파 | 올리브유 | 구운 소금
1개 | 150 g(1개) | ⅓컵 | 약간

고명

밤 | 대추
2개 | 4개

김치양념

청양고추 | 마늘 | 생강 | 멥쌀풀
50 g(5개) | 30 g | 10 g | 15 g(1큰술)

담그는 법

주재료 손질 1 토마토는 가로 방향 2 ㎝ 두께로 썰어 말린 다음.

절임 2 믹서에 간 생토마토즙, 양파즙, 올리브유, 소금을 넣고 고루 섞어 불린다.

부재료 손질 3 고명 : 밤과 돌려깎은 대추를 채썬다.

양념 만들기 4 양념을 갈아 체에 거른 다음,

버무리기 5 말린 토마토에 양념을 넣어 버무리고 고명을 얹는다.

더 맛있게 담그기

- 양념을 걸러야 말린 토마토의 색깔이 더욱 선명해진다.
- 말린 토마토는 신맛이 적고, 씹을 때 질기지 않아 음식재료로 사용하기에 좋다.
- 토마토의 맛이 좋고 많이 생산되는 봄철에 반건조하여 보관해 두었다가 사계절 담가 먹을 수 있는 김치이다.

참고문헌

강순의, 『김치명인 강순의의 계절김치』, 중앙북스(주), 2011

김귀영 외, 『발효식품(이론과 실제)』, 교문사, 2009

김숙년 외, 『한식 요리 대가의 손맛 3인3색 김치』, 동아일보사, 2003

김순자, 『명인의 맛, 85가지 계절 김치』, 디자인하우스, 2010

김정숙 · 정경임, 『남해 향토음식』, 백산출판사, 2011

농촌진흥청 국립농업과학원, 『전통향토음식 용어사전』, 교문사, 2010

박종철 외, 『김치, 음식에서 문화로, 한국에서 세계로』, 디자인씽, 2014

박종철 외, 『한국의 김치』, 도서출판 푸른세상, 2007

박종철 외, 『한국의 맛 광주 김치 감칠배기』, 디자인씽, 2008

서유구, 『임원십육지』, 교문사, 2007

신미혜 외, 『한국의 전통음식』, 백산출판사, 2006

안용근 · 이규춘, 『전통김치』, 교문사, 2008

유중림 · 윤숙자, 『증보산림경제』, 지구문화사, 2005

윤숙자 외, 『팔도음식 내림명가』, 지구문화사, 2011

윤숙자, 『굿모닝 김치!』, 도서출판 질시루, 2003

윤숙자, 『한국의 전통 발효음식(이론과 실제)』, 신광출판사, 1997

이웅현, 『KIMCHI김치』, (주)도서출판도도, 2013

이윤희(KBS 종부의 손맛 제작팀), 『종가를 지켜온 종부의 손맛』, 오픈하우스, 2014

이하연, 『내가 담근 우리집 첫김치』, (주)웅진씽크빅, 2011

이하연, 『이하연의 명품김치』, (주)웅진씽크빅, 2006

이효지, 『한국의 김치문화』, 신광출판사, 2000

정낙원 · 차경희, 『향토음식』, 교문사, 2007

조숙정, 『김치 · 젓갈 · 장아찌』, 글누림, 2008

조재선, 『식품과 건강 그리고 김치이야기』, 유림문화사, 2002

차 원 외, 『세계화를 위한 팔도김치』, 지구문화사, 2013

최홍식, 『한국의 김치문화와 식생활』, 도서출판 효일, 2002

한복려, 『산가요록』, (도서출판)궁중음식연구원, 2007

한복려, 『우리가 정말 알아야 할 우리 김치 백가지』, 현암사, 1999

한응수, 『김치의 기술과 경영』, 유림문화사, 2002

한홍의, 『김치, 위대한 유산』, 도서출판 한울, 2006

황혜성 외, 『3대가 쓴 한국의 전통음식』, 교문사, 2010

http://kto.visitkorea.or.kr(한국관광공사)

http://terms.naver.com(한국 종가의 내림 발효음식백과)

http://www.boseong.go.kr(보성군청, 문화관광)

http://www.damyang.go.kr(담양군청, 문화관광)

http://www.gangjin.go.kr(강진군청, 문화관광)

http://www.goheung.go.kr(고흥군청, 문화관광)

http://www.gokseong.go.kr(곡성군청, 문화관광)

http://www.gurye.go.kr(구례군청, 문화관광)

http://www.gwangju.go.kr(광주광역시청, 문화관광포털)

http://www.gwangyang.go.kr(광양시청, 문화관광)

http://www.haenam.go.kr(해남군청, 문화관광)

http://www.hampyeong.go.kr(함평군청, 문화관광)

http://www.hansik.org(한식재단)

http://www.hwasun.go.kr(화순군청, 문화관광)

http://www.jangheung.go.kr(장흥군청, 문화관광)

http://www.jangseong.go.kr(장성군청, 문화관광)

http://www.jeonnam.go.kr(전라남도청)

http://www.jindo.go.kr(진도군청, 관광문화)

http://www.kimchi.gwangju.go.kr(광주세계김치문화축제)

http://www.kimchitown.gwangju.go.kr(광주김치타운)

http://www.mafra.go.kr(농림축산식품부)

http://www.mokpo.go.kr(목포시청, 문화관광)

http://www.muan.go.kr(무안군청, 문화관광)

http://www.naju.go.kr(나주시청, 문화관광)

http://www.shinan.go.kr(신안군청, 문화관광)

http://www.suncheon.go.kr(순천시청, 관광순천)

http://www.wando.go.kr(완도군청, 관광정보)

http://www.yeongam.go.kr(영암군청, 문화관광)

http://www.yeonggwang.go.kr(영광군청, 문화관광)

http://www.yeosu.go.kr(여수시청, 문화관광)

찾아보기

저자와의
협의하에
인지첩부
생략

남도김치

2015년 1월 10일 초 판 1쇄 발행
2021년 5월 30일 제3판 1쇄 발행

지은이 김지현 · 임재숙 · 박기순 · 박현숙 · 김영숙 · 조은주 · 김세정
사 진 김정원
일러스트 정지원
펴낸이 진욱상
펴낸곳 백산출판사
교 정 편집부
본문디자인 신화정
표지디자인 오정은

등 록 1974년 1월 9일 제406-1974-000001호
주 소 경기도 파주시 회동길 370(백산빌딩 3층)
전 화 02-914-1621(代)
팩 스 031-955-9911
이메일 edit@ibaeksan.kr
홈페이지 www.ibaeksan.kr

ISBN 979-11-6639-166-8 13590
값 28,000원

상 장

광주김치 팀
총로 용수

팀은 2014 한국음식관광박람회 내 한국국제요리
대회에서 우수한 성적을 거두었으므로 이에 상장을
수여합니다.

2014년 5월 3일

국회의장 강 창 희

이 증을 국회의장 상장부에 기입함.

국회사무총장직무대리 임 병 규

제 5552 호

상 장

광주김치

위는 한국국제요리경연대회에서 가장
우수한 성적을 거두었으므로 이에 상장을
수여합니다.

2013년 4월 26일

국무총리 정 홍 원

이증을 국무총리 상장부에 기재합니다.

안전행정부장관 유 정

제 6233 호

상 장

한국김치 팀

위는 제20회 한국국제요리경연대회
에서 가장 우수한 성적을 거두었으므로
이에 상장을 수여합니다.

2019년 5월 11일

대통령 문 재

이증을 대통령 상장부에 기재합니다.

행정안전부장관 진

2009년

2010년

2011년

2012년

2013년

2014년

2019년